BusinessVillage

Felix Behm

GENERATION Z

Ganz anders als gedacht

Wie sie tickt, wie sie handelt und
wie wir ihr Potenzial erschließen

BusinessVillage

Felix Behm
Generation Z – Ganz anders als gedacht
Wie sie tickt, wie sie handelt und wie wir ihr Potenzial erschließen
3. Auflage 2024

Bestellnummern
ISBN 978-3-86980-715-7 (Druckausgabe)
ISBN 978-3-86980-716-4 (E-Book, PDF)
ISBN 978-3-86980-717-1 (E-Book, EPUB)

Direktbezug unter www.BusinessVillage.de, PB-1173

Bezugs- und Verlagsanschrift
BusinessVillage GmbH
Reinhäuser Landstraße 22
37083 Göttingen
Telefon: +49 (0)5 51 20 99-1 00
Fax: +49 (0)5 51 20 99-1 05
E-Mail: info@businessvillage.de
Web: www.businessvillage.de

Layout und Satz
Sabine Kempke

Autorenfoto
Foto Wöhrstein, Singen, foto-woehrstein.de

Druck und Bindung
www.booksfactory.de

Inhalt

Über den Autor 7

Die digitale Playbox zum Buch 8

Ganz anders als gedacht 9

1. Generation Z: Wer sie sind und was sie wollen 13

1.1 Einstiegshilfe in die Generationen-Welt 14
1.2 Von Babyboomer bis Alpha – Insights, die man kennen muss 18
1.3 Soziales und politisches Engagement der Generation Z 35

2. Psychografie der Generation Handy – ein Modell liefert wertvolle Antworten 41

2.1 Erziehung – Grundpfeiler E des EAB-Modells 45
2.2 Äußere Einflüsse – Grundpfeiler A des EAB-Modells 60
2.3 Blackbox – Grundpfeiler B des EAB-Modells 67

3. Sei doch kein Grinch – die Sprache der Jungen verstehen 75

4. Social Media und was dabei mit der Gen Z passiert 83

4.1 Was verstehen wir unter dem Begriff »Social Media«? 85
4.2 Social Media – Gefahr oder Chance? 93
4.3 Interview mit einer Expertin aus der Generation Z: Social Media erfolgreich nutzen 96
4.4 Influencer-Marketing 99

5. Digital Natives ansprechen, überzeugen und gewinnen 101

5.1 Womit die meisten Unternehmen zu kämpfen haben 102
5.2 Wie spreche ich die Gen Z an? 103
5.3 Geld ist (nicht) wichtig 105
5.4 Wunschberuf Chef und Influencer 107
5.5 Zwei Z-lerinnen über ihre ersten Berufserfahrungen 110
5.6 Meine (schmerzhaften) Erfahrungen als Führungskraft – Veränderung ist unbeliebt 112

5.7 Emotional versus rational – Z will keine (falschen) Jobentscheidungen treffen 115
5.8 Du-Kultur 119

6. Personalmarketing für moderne, human orientierte Unternehmen .. 123
6.1 Webseite oder Karriereseite: Aushängeschild Nummer eins 126
6.2 Online-Stellenportale 128
6.3 eBay Kleinanzeigen 130
6.4 Stellenanzeigen Generation-Z-gerecht gestalten 131
6.5 Bewerbungsprozesse an aktuelle Herausforderungen anpassen ... 135
6.6 Experten-Tipps für Kleinunternehmen – Ihre Vorteile gegenüber den Big Playern 138

7. Die neuen Must-haves für Unternehmen oder: keinen Bock auf Nullachtfünfzehn-Jobs 145
7.1 Must-have 1: Arbeit, die wirklich Sinn stiftet 147
7.2 Must-have 2: Wertschätzung und Feedback (mit Kuschelfaktor) 160
7.3 Must-have 3: neue Lern- und Arbeitsmodelle 169
7.4 Must-have 4: berufliche Perspektiven 183
7.5 Stimmen von Unternehmenslenkern und engagierten Z-lern 186

8. »Vorgesetzter« war gestern – Coach, Mentor, Kuschelfaktor 199
8.1 Die Mischung macht's – altersgemischte Teams 201
8.2 Like oder Dislike? Veränderte Feedbackkultur überfordert ältere Generationen 203
8.3 Onboarding mit Mentoren und Patenschaften 208

9. Wie ist das mit Vier-Tage-Woche & Co? 211

10. Gen-Z-Branding – Wie Marken junge Kunden gewinnen 221

11. Generation Z ist erst der Anfang: Ein Ausblick 235
11.1 Wie bereite ich mein Unternehmen auf die Zukunft vor? 238
11.2 Generation Alpha 241

12. Generation Z ist die beste Jugend, die wir haben können 245

Literaturverzeichnis und Quellen 247

Über den Autor

Felix Behm ist Keynote Speaker und einer der führenden Gen-Z-Experten. Aus seiner langjährigen Erfahrung als Führungskraft, Führungskräftetrainer und Berufsorientierungscoach weiß er, worauf es den Z-lern ankommt. Er ist gefragter Experte in den Medien und erreicht mit seinen verschiedenen Formaten (Podcast und YouTube-Kanal) Tausende Menschen und inspiriert zu einer erfolgreichen Zusammenarbeit mit der Generation Z. Zudem kennt er als Vater einer pubertierenden Tochter die Basis aus nächster Nähe.

Kontakt
E-Mail: kontakt@felixbehm.de
Web: www.felixbehm.de

Die digitale Playbox zum Buch

Suchen, stöbern, entdecken: In der digitalen Playbox finden Sie vertiefende Artikel, Arbeitshilfen und wertvolle Lesetipps zur weiteren Auseinandersetzung mit der Generation Z.

Auf folgende Highlights dürfen Sie sich freuen:

- Übersicht zu aktuellen Studien mit Kurzkommentierung zur Generation Z.
- Leseliste zur Wissensvertiefung »Wertschätzung«.
- Wissen für unterwegs: Meine besten Podcastepisoden im Überblick.
- Welche Aussagen zur Generation Z stimmen? Die Antworten.
- Was soll ich bloß posten? Eine Ideensammlung zur Ansprache junger Generationen.
- Top Ten gelungener Personalmarketing- und Instagramkanäle.
- Checkliste: Wie gut ist meine Unternehmenswebseite beziehungsweise Karriereseite.
- Personalmarketingideen (online und offline) zur Ansprach der Gen Z (speziell für die Gewinnung von Auszubildenden).
- Speziell für Personalabteilungen: Stärken und Schwächen der Gen Z (inklusive konkreter Handlungsempfehlungen).

Das Download-Material finden Sie unter folgendem Link:
www.businessvillage.de/DL-1173.html

Ganz anders als gedacht

Die Generation Z, auch Digital Natives genannt, unterscheidet sich in manchen Wünschen rund um die Arbeit nicht sonderlich von anderen Generationen, doch sie verhält sich anders. Ein Unternehmer hat es mir gegenüber mal so ausgedrückt:

»Keiner hat jemals gerne drei Jahre während der Ausbildung den Mund gehalten. Aber die heutige Generation akzeptiert das nicht mehr. Sie sagen, was sie denken – oder gehen«.

Vielleicht ist deshalb der bekannte Satz »Lehrjahre sind keine Herrenjahre« auch aus der Mode gekommen. Denn der Arbeitsmarkt wandelt sich in rasanter Geschwindigkeit von einem Arbeitgeber- zu einem Arbeitnehmermarkt. Unternehmen müssen sich heute etwas einfallen lassen, um weiterhin Arbeitskräfte zu finden – oder besser ausgedrückt: um weiterhin Arbeitskräfte für sich zu gewinnen. Arbeitgeber, die jetzt nicht handeln und beginnen sich auf diese Situation einzustellen, für die wird es schwierig werden.

Doch bitte keine Angst. Dieses Buch wird keine Auflistung wissenschaftlicher Untersuchungen und einfacher Beschreibungen psychologischer Ursachen einer sich ändernden Arbeitswelt. Ich beschreibe für die Leser die Tatsachen, wie sie sich darstellen, mit prägnanten Worten und markanten Beispielen. Dazu gibt es eindeutige Schlussfolgerungen, warum die Generation Z so ist, wie sie ist, und was uns in den nächsten Jahren erwartet.

Wenn Sie das angebotene Wissen und die Sie erwartenden Impulse in Ihre Situation übersetzen, können Sie nur gewinnen. Denn niemand ist chancenlos, wenn es um den Umgang mit der Generation Z geht. Es sind keine neuen Menschen, sondern nur eine Generation, die oft vollkommen zu Recht unser Leben hinterfragt und insbesondere die Arbeitswelt auf den Kopf stellt. Die meisten Eltern, Ausbildungsbetriebe und Unternehmen haben nur immer noch nicht einen Schmerzpunkt erreicht, der sie zum Umdenken veranlasst. Stellen Sie die richtigen (und andere) Fragen, um erfolgreich im Kampf um neue Talente zu sein. Entzünden Sie mit Ihren Antworten Ihr Umfeld. Seien es nun Kollegen oder einfach Ihre Mitmenschen. Streben Sie nach Veränderung. Erkennen Sie das Positive in neuen Gewohnheiten und einem neuen Umgang mit jungen Menschen.

In diesem Buch erfahren Sie, was die vier auf dem Arbeitsmarkt anzutreffenden Generationen geprägt hat, was sie ausmacht und was sie unterscheidet. Sie werden verstehen lernen, warum die aktuell jüngste Generation plötzlich und unerwartet so anders ist, und vielleicht erkennen Sie sogar, wie Ihre Kinder – sollten sie zur Z-Generation gehören – wirklich ticken. In meiner über zehnjährigen Arbeit und Recherche zu diesem Thema durfte ich mit vielen spannenden Menschen sprechen und zusammenarbeiten. Mit Lehrern, Arbeitgebern, Sozialpädagogen, Auszubildenden, Führungskräften und natürlich mit vielen Vertretern der Generation Z. Die ersten Erfahrungen sammelte ich als Ausbildungsleiter in der Gesundheitsbranche – einer Branche, die nicht gerade auf Platz eins der beliebtesten Jobs junger Menschen steht. Entsprechend herausfordernd –, aber auch sehr eindrucksvoll war die Zeit, in der es galt, junge Menschen für Berufe in einem Krankenhaus zu begeistern und ans Unternehmen zu binden.

Besonders lehrreich waren für mich aber auch meine Erfahrungen als Berufsorientierungscoach in Schulen, ganz gleich ob an Brennpunktschulen in der Mitte Berlins oder an Vorzeigeschulen. Und nicht missen möchte ich auch die Zeit, in der ich über drei Jahre als Projektunterstützer des Projekts »Funpreneur« der Freien Universität Berlin mitwirkte. In dem Projekt durfte ich junge Studierende dabei begleiten, ein eigenes Unternehmen im Rahmen eines Wettbewerbs zu gründen. Entstanden sind daraus unter anderem mein YouTube-Kanal und mein Podcast »Generation-Z-Talk«, in dem ich in bisher über einhundert Interviews Informationen, Geschichten und außergewöhnliche Beispiele mit den Zuhörern teile.

Einige Stimmen sagen, dass man die Vertreter einer Generation nicht über einen Kamm scheren könne, und doch behaupte ich nach unzähligen Gesprächen und Interviews mit jungen Menschen, dass es einen gemeinsamen

Kern gibt, der genau definiert, was die allermeisten Z-ler, so werden die jungen Mitmenschen auch gerne genannt, sich wünschen.

> **Gen Z – Hilfe in Sicht**
> **Sie sind Eltern, Ausbilder oder Personalverantwortliche, die die Generation Z nicht verstehen?**
> Es scheint, als hätte sich alles geändert in den letzten Jahren. Dabei tun wir doch alles für sie? Wo liegt also das Problem? In diesem Buch finden Sie Antworten auf diese Fragen und erfahren, was die Ursachen für gravierende Veränderungen in der Innen- und Außenwelt der Generation Z sind.

1.
Generation Z:
Wer sie ist und was sie will

1.1 Einstiegshilfe in die Generationenwelt

Wenn wir über die Generation Z sprechen, dann kommen wir nicht umhin, uns näher mit dem Generationenbegriff auseinanderzusetzen. Wir müssen fragen, wie eine Generation definiert ist, wie viele Generationen es gibt und ob man wirklich jede Altersgruppe entsprechend ihrer Merkmale und Werte in bestimmte Schubladen stecken kann.

Umgangssprachlich ist eine Generation eine Gruppe von Personen, die aus einer identischen altersbedingten Zeitspanne kommt. In der Wissenschaft werden neunzehn verschiedene Generationen genannt und es beginnt mit der Zeitspanne 1588 bis 1617, die als Generation der Puritaner bezeichnet wird. Nun müssen wir nicht jede Generation benennen können, uns interessieren vornehmlich die Generationen, die heute leben und mit denen wir heute arbeiten. Das sind die folgenden fünf Generationen:

1. Die **Babyboomer**, geboren zwischen 1950 und 1964. Sie sind es, die aktuell vom Arbeitsleben in den Ruhestand wechseln.
2. Die **Generation X**, die zwischen 1965 und 1979 geboren wurde.
3. Die **Generation Y** mit den Jahrgängen von 1980 bis 1994.
4. Die **Generation Z**, zwischen 1995 und 2009 geboren und die derzeit meistdiskutierte Generation, denn sie lösen die Babyboomer ab, sind dabei aber zahlenmäßig weit unterlegen.
5. Die **Generation Alpha**, die ab 2010 geboren ist und ab 2025 die Schulen verlassen und dann ins Blickfeld der Arbeitgeber treten wird, dann werden diese jungen Menschen ihre Berufsausbildungen oder ein Studium beginnen.

So weit zu einer Einteilung der Generationen, doch lässt sich jede Generation auch an bestimmten Merkmalen erkennen?

1 | Welche Generationen arbeiten aktuell zusammen?

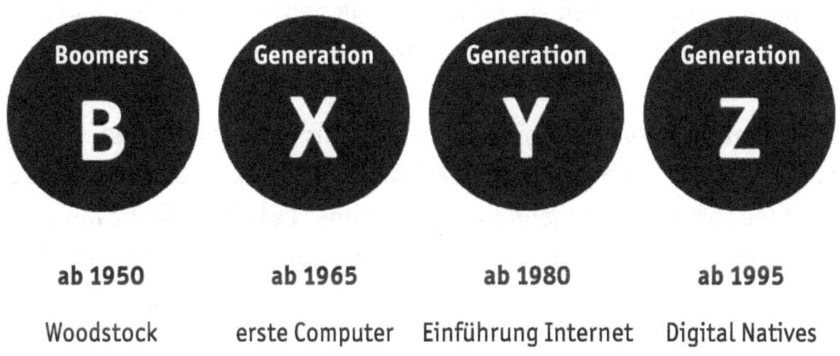

Die Antwort lautet klar: Jein. Die Generation Z wird von etlichen Stimmen als unmotiviert und freizeitorientiert beschrieben. Stimmen diese Vorurteile? Die Antwort liefert die Geschichte. Schon Aristoteles sagte: »Ich habe überhaupt keine Hoffnung mehr in die Zukunft unseres Landes, wenn einmal unsere Jugend die Männer von morgen stellt. Unsere Jugend ist unerträglich, unverantwortlich und entsetzlich anzusehen.« (Aristoteles, 384–322 vor Christus)

Es ist ganz offensichtlich so: Jede Generation hat über die nachfolgende Kritik geübt. Immer wieder wurden in der Vergangenheit die jungen Generationen als faul und unverantwortlich bezeichnet. Es kann also aus historischer Perspektive erst einmal Entwarnung gegeben werden, wenn man so manche Schreckensmeldungen über die Jugend von heute liest. Junge Menschen werden erwachsen und ändern ihr Verhalten. Oder sie bekommen neue Bedürfnisse, wie der Wunsch nach Familie und Wohnung, die ähnlich wie bei den vorherigen Generationen sind, sodass dann von einer Anpassung im Verhalten gesprochen werden kann.

Bestimmte generationsspezifische Merkmale lassen sich aber bestimmten Generationen und Zeitabschnitten zuordnen. Auch wenn diese allesamt auf nicht mal zwanzig Prozent der Menschen einer Generation vollkommen zutreffen, so treffen doch einige wichtige Bedürfnisse, Wünsche und Eigenschaften auf den Großteil zu. Abhängig vom geografischen Standort, dem sozialen Hintergrund und anderen Faktoren.

Die Generation Z zum Beispiel ist von modernen Technologien stark geprägt. Das lässt sich nicht abstreiten. Im Schnitt nutzen Jugendliche derzeit vier bis sechs Stunden ihr Smartphone. Es wäre naiv, davon auszugehen, dass davon keine prägenden Auswirkungen im Erwachsenenalter zu erwarten wären. Ob allerdings jeder einzelne Angehörige der Generation Z ausgehend von jahrelanger Handynutzung einfach sehr anspruchsvoll ist und sofort alles hinwirft, wenn die Motivation verloren geht, bezweifle ich stark. Stehen einem Jugendlichen scheinbar alle Möglichkeiten und Türen dieser Welt offen und ist er auch von dieser Haltung geprägt, dann wird er sich eher genau so verhalten. Ein anderer Gleichaltriger hat vielleicht nur einen Hauptschulabschluss und sich mit viel Mühe die Ausbildung in seinem Traumberuf erkämpft. Obgleich im selben Alter, wird er sich anders verhalten und einen Ausbildungsplatz nicht sofort kündigen, nur weil etwas nicht nach seinen Vorstellungen läuft.

Eine wirklich spannende Frage ist, wer sich im Unternehmen mit der Generation Z beschäftigen sollte. Auf einer Personalmesse sprach ich mit einer Personalerin, die mir von den Ausnahmezuständen im Unternehmen berichtete. Unzählige Mitarbeiter waren im Burn-out versunken und die Bewerberlage hatte sich in den letzten Jahren zusätzlich dramatisch verschlechtert, was dazu führt, dass die erkrankten Mitarbeiter nicht mal ersetzt werden können. Ihr Chef würde das, »was diese junge Generation da fordert«, strikt ablehnen, schickte sie aber trotzdem auf eine Personalmesse zu spannenden Vorträgen, um ihm dann davon zu berichten. Ich schaute sie etwas bemitleidend an und meinte: »Es ist toll, dass Sie hier sind, aber mal ganz ehrlich: Ihrem Chef eine Zusammenfassung von Vorträgen, in denen es um die Generation Z geht, zu geben, wird nicht ausreichen, damit sich irgendwas ändern wird. Er muss sich selbst mit dem Thema beschäftigen, damit aus Ablehnung und Vorurteilen Verständnis und Offenheit entsteht. Damit es früher oder später plopp macht und klar wird, warum junge Menschen so ticken, wie sie eben ticken.«

Wenn Sie wirklich etwas bei ihrem Vorgesetzten oder der Unternehmensleitung erreichen wollen, schicken Sie diese zu einem Vortrag von mir oder verschenken Sie dieses Buch. Sie können auch ein Mittagessen mit Vertretern der Generation Z organisieren oder eine Podiumsdiskussion im Unternehmen organisieren. Am Ende ist es völlig egal, was es wird. Wichtig ist aus meiner über zehnjährigen Erfahrung nur, dass etwas geschieht, bei dem sich die höchste Führungsebene mit dem Thema »Generationen« auseinandersetzt und dann die nächsten Hierarchien mit Überzeugung und nicht aus Verzweiflung miteinbezieht.

Wenn wir über die wirklich prägenden Ereignisse unserer Kindheit und Jugend nachdenken, werden wir ganz automatisch andere Erinnerungen haben als die Generation vor oder nach uns.

Schauen wir uns dazu zunächst die folgende Tabelle an, die auf die Generationen B, X, Y, Z und Alpha eingeht.

1.2 Von Babyboomer bis Alpha – Insights, die man kennen muss

	Babyboomer	Gen X
Jahrgang	1950 – 1964	1965 – 1979
Anteil an der Bevölkerung	~ 18 Millionen	~ 14,9 Millionen
Familienstruktur	mehrere Geschwister, Mehr-Generationen-Haus	Geschwister
Prägende Erfahrung	Kalter Krieg, Wirtschaftswunder, Mondlandung	Mauerfall, erster PC, erste Mobiltelefone, Atomkraft, RAF
Musik und Film	Schallplatten	Schallplatten und CDs
Kommunikationsmedien	Telefon und Fax	Telefon, Fax, E-Mail und SMS
Informationskanäle	Zeitung und Radio	Zeitung, TV und Radio
Typisches elektronisches Produkt	TV	PC
Wichtig im Job	Jobsicherheit	Karriere

Gen Y	Gen Z	Gen Alpha
1980–1994	**1995–2009**	2010–2024
~ 12,6 Millionen	**~ 11 Millionen**	< 10 Millionen
teilweise Einzelkinder	**oft Einzelkinder**	vermutlich meistens Einzelkinder
Terroranschläge, Wirtschaftskrise, erste Spielekonsolen, Beginn von Social Media	**Klimaerwärmung, Flüchtlingsströme, Umweltverschmutzung, Krieg, Corona, Inflation**	Gesundheitskrise, Energiekrise, Rezession, Generationenkrise
CDs und MP3-Downloads	**Streaming aktuell angesagter Musik, Serien und Filme**	Streaming aktuell angesagterer Musik, Serien und Filme
weniger Telefon, meistens E-Mails, Text- oder Sprachnachrichten	**selten Telefon und E-Mails, meistens Text- oder Sprachnachrichten**	meistens Sprachnachrichten
Zeitung Print und online, teilweise TV und Radio	**Google, Onlinevideo, Instagram, TikTok, selten Zeitung, TV oder Radio**	hauptsächlich Google und Onlinevideos bei Instagram, TikTok und YouTube; kaum Zeitung, TV und Radio
PC, Laptop, Tablet, Smartphone	**Smartphone und Smartwatches, tragbare Datenverarbeitung**	smarte Brillen, VR, Headset, holografische Displays
Work-Life-Balance	**Work-Life-Separation, Sinn, Wertschätzung, zukunftssicherer Beruf**	Selbstentfaltung, individuelle Weiterbildung

Die wichtigsten Unterschiede zwischen den Generationen in Bezug auf Verhalten und Arbeitswelt

Bevölkerungsanteil

Was zunächst auffällt – und das ist immer das Erste, das ich meinen Teilnehmern in Vorträgen und Trainings näherbringe –, ist die stark sinkende Geburtenzahl zwischen B und A. In der unten stehenden Grafik erkennen Sie genauer, was meine Tabelle bereits in zwei Zahlen ausdrückt. Die Folgen sind elementar in der Denkweise über eine Generation. Die Frage »Wie tickt Generation Z?« ließe sich bereits nur mit diesen zwei Zahlen schon größtenteils beantworten.

2 | Natürliche Bevölkerungsentwicklung von 1950 bis 2020

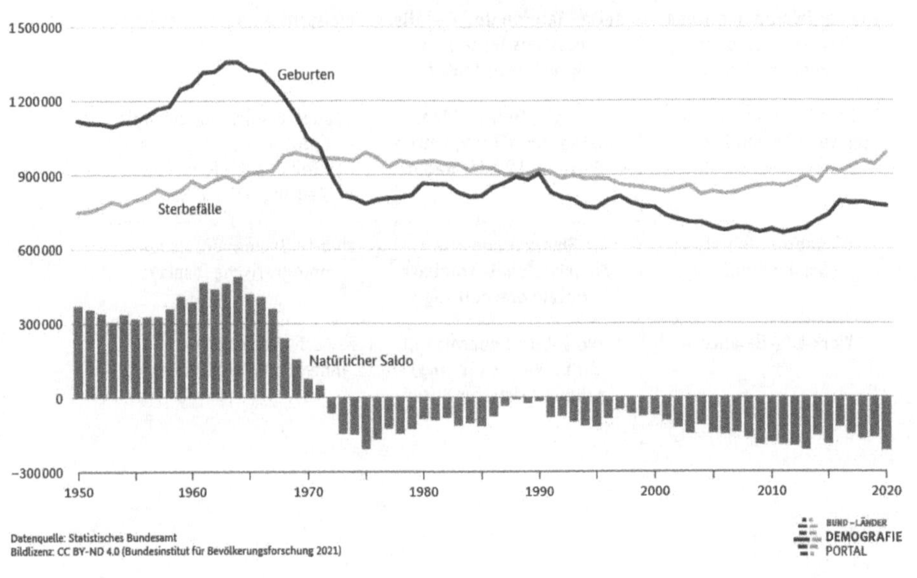

Wenn weniger Arbeitskräfte nachkommen, als derzeit in Rente gehen, wechseln wir von einem Arbeitgebermarkt zu einem Arbeitnehmermarkt. Die Vertreter der Generation Z können sich als frisch gebackene Arbeitnehmer aussuchen, was sie arbeiten wollen, wo sie arbeiten wollen und wie sie arbeiten wollen. Die Konkurrenz ist oft klein, es gibt nur wenige Mitbewerber und das Angebot an Möglichkeiten ist groß.

Wenn Unternehmen diesen Aspekt wirklich verstanden hätten, sähen Stellenanzeigen heute nicht so aus, wie sie es meistens tun. Dann wären Ausbildungsgestaltung und Arbeitsabläufe nicht so altmodisch und unattraktiv, wie sie es sind. Es gäbe seitens der Führungskräfte nicht so viel Unverständnis gegenüber Neuerungen und der Generation Z, wie es das heute in vielen Unternehmen gibt.

Und deshalb bleibt eines klar zu erkennen: Unternehmen, die über ihren eigenen Schatten springen, gewinnen die Generation Z, und die anderen bleiben für diese Generation unsichtbar oder verlieren sie.

Familienstruktur

Die Familienstruktur ist prägend für die Entwicklung eines Menschen. Bestimmte vorherrschende Familienstrukturen prägen daher die Bedürfnisse und Werte der nachfolgenden Generation. Deshalb ist die Familienstruktur auch eine wichtige Komponente meines später vorgestellten EAB-Modells. Im Zusammenhang mit der Veränderung von meist mehreren Kindern pro Familie bei den Babyboomern hin zu tendenziell Einzelkindern in der Generation Z entstand dann auch der in Medien immer wieder auftauchende Begriff der Helikoptereltern. Sie werden als überfürsorglich und umfassend beschirmend beschrieben. Doch das liegt in der Natur der Sache begründet, denn rein pragmatisch betrachtet, ist so ein Elternverhalten bei einem Kind viel leichter umsetzbar als bei zwei oder drei Kids. Mit steigender Kinderzahl entfallen auf jedes einzelne Kind weniger Zeit, weniger Geld und weniger vorhandene Nerven für die Erziehung.

Kommunikationsmedien und Informationskanäle

Über die Informationskanäle wird heute nicht nur konsumiert, sondern oft auch kommuniziert. In einer Form, die es (bis auf die Generation Y teilweise) für die vorangegangenen Generationen nicht gab. Ein Beispiel ist die Partnersuche über Medien. Mithilfe von persönlich gestalteter Bekanntschaftsanzeigen konnten Menschen früher in Zeitungen und Zeitschriften eine Partnerin oder einen Partner suchen. Heute gestaltet sich das im Internet komplett anders. Jugendliche laden ein Bild oder mehrere auf ihren Instagram-Kanal hoch und die Kommunikation besteht aus den Kommentaren und der Anzahl der Likes, die daraufhin zurückkommen. Wem das nicht reicht, der kann auch über die sogenannte Direct-Message seine Follower und Freunde anschreiben und Inhalte teilen. Früher undenkbar. Wir sprechen dabei aber nicht nur von Instagram, sondern auch von TikTok, Snapchat und anderen Apps, die oft parallel genutzt werden. Das ist für die Generation Z komplett normal. Wir Ältere sind meistens schon mit nur einer App wie WhatsApp ausreichend bedient – und manchmal bei zu vielen Nachrichten bereits überfordert und gestresst.

Während die Babyboomer und X-ler telefonieren, senden die Generationen Y und Z lieber eine Text- oder Sprachnachricht.

Auch bei der Information über das aktuelle Weltgeschehen wählt die Generation Z ebenfalls eine App aus, um sich zu informieren, während Babyboomer und X-ler eher Zeitung lesen, Nachrichten im TV schauen oder sich übers Radio informieren. Bereits 2019 hat laut einer Studie von ARD und ZDF bei der Generation Z das Schauen von Internetvideos das klassische Fernsehen in der täglichen Nutzungsdauer überholt.

Musik und Film

Vielleicht fragen Sie sich, welche Auswirkung ein veränderter Konsum von Musik und Film auf Generationen haben könnte? Zum einen ist es die Vielzahl an Möglichkeiten, die sich prägend auf Verhaltensweisen im Privatleben und Arbeitsleben auswirkt. Während in den Haushalten der Babyboomer-Kinder meist nur ein TV-Gerät pro Mehrfamilienhaus zur Verfügung stand und es sowieso nicht üblich war, einen Schallplattenspieler zu besitzen, den man täglich mit neuen Platten bestückt, ist die heutige Welt eine völlig andere.

Die Generation Y, aber vor allem die Generation Z, geht weniger oft ins Kino und kauft auch Filme typischerweise nicht mehr (so oft). Das zeigen die kontinuierlich sinkenden Zahlen an Kinobesuchern (2001: 173 Millionen, 2019 nur noch 113 Millionen). Alternativ wird aber nicht etwa der Fernseher eingeschaltet. Heute werden Filme gestreamt über Online-Anbieter wie Netflix oder Amazon-Prime. Viele Filme sind dabei für Centbeträge abrufbar und die Geduld, einen Film bis zum Ende anzusehen, sinkt ebenso, wie die Geduld mit anderen Beschäftigungen sinkt. Ist etwas nach kurzer Zeit uninteressant, wird umgeschaltet oder weggeklickt.

Das lässt sich auch auf die Musiknutzung übertragen. Niemand kauft mehr Platten, kaum einer CDs und nur selten wird ein Song online gekauft. Es wird stattdessen in Massen gestreamt über Anbieter wie Spotify oder Deezer. Die Songs werden dabei tendenziell immer kürzer, um die Geduld der jungen Menschen nicht überzustrapazieren. Denn man möchte als Künstler erreichen, dass die Hörer möglichst das ganze Lied hören, um so den Algorithmus der Streaming-Anbieter zu bedienen. Dabei fällt auch auf, dass Künstler die Möglichkeit haben, aus dem Nichts über Nacht millionenfach gehört zu werden, aber viele von ihnen genauso schnell wieder im Nichts verschwinden. Die Generation Z stört das nicht. War heute noch Künstler A beliebt und Vorbild, so ist es eben morgen Künstler B.

Sie merken schon. Der Medienkonsum hat Rückwirkungen auf Geduld und Flexibilität. Wundern Sie sich also nicht, wenn im Arbeitsleben diese zwei Faktoren eine andere Rolle spielen, als Führungskräfte sich das gerne wünschen würden.

Interview mit Norina und Hannah – Generation-Z-Insights

Damit Sie eine bildhafte Vorstellung bekommen, möchte ich Ihnen nun zwei Vertreterinnen der Generation Z vorstellen. In meinem Podcast hatte ich Norina und Hannah zu Gast. Norina Eisenbacher, Jahrgang 2000, und Hannah Sophie Petrik, Jahrgang 1997, studierten zum Zeitpunkt des Interviews Business Management and Psychology an der Hochschule Furtwangen. Hannah hatte schon erste Berufserfahrungen gesammelt und arbeitete neben dem Studium zusammen mit Norina bei der Studentischen Unternehmensberatung IB Consulting. Ich lasse nun beide zu Wort kommen, damit Sie die Unterschiede zwischen Babyboomern und der Generation Z in deren eigenen Worten lesen können.

Felix: *Hannah, du hast mir erzählt, dass du schon erste Berufserfahrungen gesammelt hast in einer Festanstellung. Wie kam es zu der Entscheidung, dort zu kündigen und dann ein Studium zu beginnen?*

Hannah: *Stimmt. Ich habe zwei Jahre bei einer Wirtschaftsprüfungsgesellschaft gearbeitet. Es war super interessant und voll von Möglichkeiten und Karrierewegen, die mir offenstanden. Aber ich habe für mich selbst erkannt, dass es nicht meine fachliche Welt ist. Meine Stärken liegen eher in der Kommunikation und im Projektmanagement. Deshalb habe ich mich umorientiert. Ich studiere jetzt und arbeite parallel bei mir im Familienunternehmen mit als auch in der studentischen Unternehmensberatung mit Norina zusammen.*

Felix: *Was sind denn eurer Meinung nach die größten Unterschiede zwischen den Generationen in der Arbeitswelt?*

Hanna: *Es ist die Sicht auf den Job und die Arbeit als Teil des Lebens. Ich habe im Studium gelernt, dass das Motto der Babyboomer ist: Leben, um zu arbeiten. Wir aus der Generation Z sehen Arbeit nur als einen Teil des Lebens. Wir denken darüber nach, wie man das Leben außerhalb der Arbeit gestalten kann. Wir wollen nicht, dass alles nur am Job und an der Firma hängt. Ich glaube, ich brauche nicht zu betonen, dass anhand meiner verschiedenen*

Tätigkeiten Arbeit wichtig ist, aber es ist nur eine Säule des Lebens. Familie, Freunde und persönliche Weiterentwicklung sind für mich mindestens genau so viel wert. Mein Eindruck ist, dass dieses Gleichgewicht bei älteren Generationen nicht gegeben ist. Wenn ich Babyboomer kennenlerne, ist meistens die erste Frage: Und was arbeitest du? Wenn ich Leute aus meiner Generation treffe, ist es eher so, dass wir uns vielleicht erst beim fünften Treffen über die Arbeit unterhalten.

Norina: *Ich sehe das ähnlich. Allerdings sind wir auch nicht alle gleich. Oft sind die Unterschiede zwischen Menschen innerhalb einer Generation größer als die Unterschiede zwischen zwei Generationen. Aber dennoch gibt es starke Tendenzen und ich würde das als anderes Mindset bezeichnen. Wir denken anders als bisherige Generationen. Die Ursachen dafür sind vielseitig. Wir sind mit einem anderen Lebensstandard aufgewachsen. Die Politik hat sich verändert, die Klimakrise ist entstanden, der Arbeitsmarkt hat sich verändert und wir haben einen akuten Fachkräftemangel.*

Sie sehen also: Es ist einiges passiert beim Mindset der einzelnen Generationen.

Y und Z – sind die nicht alle gleich?

Oft verwechseln Menschen auch die Generationen Y und Z. Beide sind zwar dicht beieinander, identisch sind sie aber noch lange nicht. In bestimmten Dingen sind sie ähnlich, in anderen komplett unterschiedlich. Die wichtigsten sollten Sie kennen, es sind:

- die Jahrgänge,
- Begriffe und Alternativworte,
- Gen Z ist die erste Smartphonegeneration,
- mehr Auswahl bei der Berufswahl,
- Kommunikationsverhalten,
- Informationsverhalten und Mediennutzung.

Der erste Unterschied – die Jahrgänge

Generation Y ist zwischen 1980 und 1994 geboren. Die Generation Z ist die Nachfolgegeneration von Y und zwischen 1995 und 2009 geboren.

Der zweite Unterschied – Begriffe und Alternativwörter

Wie bezeichnet man die Gen Y und Z noch? Immer wieder kommen Menschen mit verschiedenen Begriffen durcheinander. Häufig werden Z-ler auch als Millennials bezeichnet. Das ist aber falsch.

Die Vertreter der Generation Y werden je nach Artikel und wissenschaftlicher Arbeit auch als sogenannte Millennials beschrieben, was auf Deutsch so viel wie Jahrtausender bedeutet. Sie sind vor allem geprägt durch den Wechsel vom zwanzigsten ins einundzwanzigste Jahrhundert und die damit einhergehenden Veränderungen. Sie sind mit Eltern aufgewachsen, die ihnen zum ersten Mal in weiten Teilen mehr Freiraum in Lebens- und Sinnfindung gaben. Individualität wurde immer wichtiger und löste die Vorgabe ab, dass es den Kindern einfach nur besser gehen sollte als den Eltern im Kindheitsalter. Deshalb fällt zusätzlich auch gerne der Begriff der Generation Why, der die Frage der Y-ler nach dem Warum beschreibt, das sie im Leben und in der Arbeitswelt suchen.

Die Generation Z ist die Post-Millennials-Generation, was schon zeigt, dass sie die Nachfolgerin von Y ist. Häufiger tritt allerdings auch die Bezeichnung Digital Natives auf, die aus meiner Sicht sehr treffend ist. Denn es handelt sich um die erste Generation, die als Kind mit digitalen Medien aufgewachsen ist. Beginnend mit dem Erfolg des ersten iPhones 2007 (die ältesten Z-ler waren da gerade mal zwölf Jahre alt) wurde die Welt laut Facebookgründer Mark Zuckerberg »social«. Inzwischen sprechen wir von vier bis sechs Stunden durchschnittlichem Handykonsum bei der Generation Z täglich.

Generation Z ist die erste Smartphonegeneration

Wenn wir nach Ereignissen suchen, die Generationen prägten und prägen, machen wir oft einen Fehler. In meinen Workshops und Trainings gehen Teilnehmer immer wieder davon aus, dass bestimmte Weltereignisse ungemein prägen. Das ist aber falsch. Prägend sind vielmehr ganz konkrete Erfahrungen, die während der Jugendphase und im jungen Erwachsenenalter gemacht werden. Also ab dem Zeitpunkt, ab dem junge Menschen eigenständig werden, die Welt mit ihren eigenen Sinnen wahrnehmen und verstehen lernen und beginnen, sich von der Elterngeneration abzugrenzen. Deshalb ist es nicht relevant, dass es während der ersten Geburtsjahre der Generation Z noch keine Smartphones gab. Entscheidend für eine Generation ist die Zeit beginnend mit dem Wechsel von der Grundschule in eine höhere Schulform. Da hatten viele Angehörige der Generation Z Zugang zu Handys und Tablets, während das bei der Generation Y noch nicht der Fall gewesen ist.

Wie unterscheidet sich die Generation Z von der Generation Y ...

... beim Faktor Berufswahl?

Zunächst ist da ein scheinbar unwichtiger Fakt. Es gibt mehr Y-ler als Z-ler. Das ist aber wesentlich, wenn wir darüber sprechen, was sich eine Generation leisten kann. Befragen Sie Angehörige beider Generationen, wie viele Bewerbungen sie nach der Schule im Durchschnitt geschrieben haben bis zur Zusage zur Ausbildung, werden sich die Antworten stark unterscheiden. Denn ein Z-ler braucht in der Regel nicht mehr als drei Bewerbungen für eine Zusage, während ein Y-ler bis vor wenigen Jahren noch doppelt oder dreifach so viele Bewerbungen schreiben musste. Die individuelle Auswahl war also begrenzter, und damit waren auch die Anforderungen an einen Traumberuf höher. Inzwischen gehen jährlich so viele Babyboomer in Rente, dass die Angebote am Arbeitsmarkt drastisch steigen, was Z-lern in der Auswahl und ihren beruflichen Wünschen zugutekommt.

... beim Faktor Geld?
Der zweitwichtigste Punkt aus meiner Sicht, den Umfragen immer wieder bestätigen, ist die Relevanz von Geld. Wie wichtig ist der Generation Z Geld? Sicher nicht unwichtig, aber in Bezug auf den Job sind Spaß und Sinnhaftigkeit wesentlich wichtiger. Dieser klare Unterschied ist bei der Gen Y nicht zu sehen. Für die Millennials ist beides wichtig, Karriere steht also noch mehr im Vordergrund.

... beim Faktor Kommunikation?
Während Generation Y neben persönlichen Treffen vor allem auf Telefon und SMS zurückgreifen konnte, bieten sich der Generation Z eine Vielzahl an Apps und Plattformen auf dem Smartphone an (WhatsApp mit Text- oder Sprachnachrichten, Instagram-Direktnachrichten, Facetime, Zoom, vielleicht noch LinkedIn oder Skype, und wer von Papa etwas möchte, der schreibt eine E-Mail). Die Generation Z kommuniziert also vielseitig, am liebsten aber über Text- oder Sprachnachrichten, weniger oft per Mail, und viele scheuen das klassische Telefonieren. Für die Generation Y kommt dagegen Telefonieren viel eher infrage als für die Generation Z.

... beim Faktor Multitasking?
Die Generation Z wird seit Kindesalter mit circa viertausendfünfhundert Botschaften täglich regelrecht zugeschüttet. Und sie kann rein neurobiologisch betrachtet Aufgaben nicht besser parallel oder im Multitasking erledigen. Um den Überblick zu behalten, haben Smartphone-Lover jedoch einen Bullshitfilter entwickelt, der schnell erkennt, was für sie relevant ist, was Werbung ist, was sie interessiert und was glaubhaft erscheint.

Ein Beispiel: Während die Generationen B, X und manchmal auch die Y-ler bei einer Google-Suche eher noch auf die ersten Ergebnisse klicken, die in der Regel aus bezahlten Anzeigen bestehen, wird Z erkennen, dass bezahlte Werbeanzeigen auf Google an Position eins und zwei nicht unbedingt ihre Suchanfrage befriedigen. Es handelt sich ja eben nur um bezahlte Werbung, nicht um die qualitativ besten Ergebnisse. Z scrollt also gleich zu den sogenannten organischen Treffern, die Google ausspuckt, um mit möglichst wenig Zeitaufwand das beste Ergebnis zu finden. So können Z-ler danach direkt auch zur nächsten Push-up-Benachrichtigung auf ihrem Smartphone oder in die nächste Unterhaltung eines Gruppenchats auf WhatsApp wechseln und diese abarbeiten.

… beim Faktor Informationskanäle?

Onlinemedien haben Printmedien nicht erst seit gestern überholt. Und auch zwischen Y und Z erkennen wir eine weitere Abnahme der klassischen Zeitungsleser. Von fünfundvierzig Prozent auf dreißig Prozent sinkt der Anteil an Menschen, die mehrmals pro Woche eine Zeitung lesen bei den Generationen (Bundesverband Digitalpublisher und Zeitungsverleger e.V.). Aber wo informieren sich dann Z-ler? Interessant ist, dass Instagram immer stärker als Informationskanal dient. Bereits 2022 informieren sich laut der Schülerstudie von Ausbildung.de (Ausbildung.de GmbH) bereits fünfundsechzig Prozent aller Z-ler auf Instagram über ihren Arbeitgeber, und dabei spielt es keine Rolle, ob dem Kanal eines Influencers oder auch einer großen Tageszeitung gefolgt wird. Selbst Rechtsanwälte und Lehrer sind mit ihren Themen – meist speziell für Z-ler aufgearbeitet – erfolgreich auf Instagram oder TikTok.

Generation »Weil wir es uns leisten können«

»Weil wir es uns leisten können« könnte eine passende und zugleich die Gemüter erregende Aussage der Generation Z sein. Was können sie sich denn leisten? Eigentlich so ziemlich alles, behaupte ich. Und ich kann es an zwei Zahlen auch belegen, warum ich das behaupte. Die Anzahl der Geburten in der Generation, die jetzt gerade in Rente geht, also der Babyboomer, und der Generation, die gerade dem Arbeitsmarkt beitritt, also unsere Z-lern.

Wir haben ungefähr 16,5 Millionen Geburten in den Jahren 1965 bis 1979. 11,5 Millionen sind es in den Jahren 1995 bis 2010, also der Generation Z. Und deren Nachfolger sind voraussichtlich nur noch knapp neun Millionen. Anhand dieser Zahlen wird das große Defizit zwischen denen, die in

Rente gehen, und denen, die den Arbeitsmarkt zum ersten Mal betreten, deutlich, mit dem wir schon heute zu kämpfen haben. Man könnte sagen, in den angesagten Branchen fangen deutlich mehr junge Menschen an als in unbeliebten. Selbiges ist selbstverständlich auch bei der Berufswahl zu beobachten. Bürotätigkeiten sind gefragter als Pflegetätigkeiten. Also ist das Delta bei Pflegeberufen nochmal höher. Die, die kommen, können daher einiges fordern.

Ich hatte von einem Unternehmen aus der Gesundheitsbranche einen Auftrag bekommen. Es war ein Verbund aus verschiedenen Kliniken, die große Probleme hatten, ihren Personalbedarf zu decken. Eines Tages habe ich mit einem jungen Pfleger gesprochen. Er war gerade mit der Ausbildung fertig und wurde als einer der Besten geehrt. Ich fragte ihn, wie es ihm denn hier gefalle und ob er beabsichtige, auch nach der Ausbildung zu bleiben. Seine Antwort war hart: »Nein, auf keinen Fall. Ich habe hier die Ausbildung gemacht, wurde von meinen Ausbildern und Vorgesetzten auf Station für meine schnelle und genaue Arbeit mehrfach belohnt. Ich wollte mich im Unternehmen einbringen. Einige Dinge funktionieren aus meiner Sicht nicht so, wie sie sollen. Wir könnten viel effektiver sein in dem, was wir tun. Und deshalb habe ich konkrete Vorschläge an die Pflegedienstleitung und Geschäftsführung gemacht. Und weißt du, was passiert ist? Gar nichts. Ich habe nie eine Rückmeldung bekommen. Meine Ideen wurden einfach nicht beachtet. Es gibt so viele Unternehmen, in denen ich mehr wertgeschätzt werde als hier. Ich habe deshalb beschlossen, woanders anzufangen.«

Ein Einzelfall könnte man jetzt denken, ein überheblicher junger Kerl. Doch diese Sicht greift zu kurz. Wir haben es mit einer Generation zu tun, die sich aufgrund ihrer stärkeren Position am Arbeitsmarkt einfach schnell für etwas anderes entscheiden kann. Etwas, das ihren Wünschen entspricht. Unternehmer sprechen hier auch oft von einer nie dagewesenen Flexibilität junger Menschen. Es ist eine Flexibilität, die nur dort eintritt, wo etwas nicht stimmt. Und in vielen Unternehmen, in denen ich war, stimmt einiges nicht.

Fragen wir sie doch – Studien, Umfragen und ein Quiz

Wie gut kennen Sie die Generation Z, also diejenigen, die zwischen 1995 und 2009 geboren wurden? Machen Sie jetzt den Test! Die Antworten hierzu aus aktuellen Umfragen und Studien finden Sie am Ende dieser Seite.

> **Welche Aussagen zur Generation Z stimmen?**
>
> 1: Z hat die Qual der Wahl, denn es gibt von ihnen nur noch halb so viele wie von den Babyboomern (zwischen 1950 und 1964 geboren).
>
> 2: Fünfundzwanzig Prozent der Digital Natives wären lieber arbeitslos als unglücklich im Job.
>
> 3. Großunternehmen und Konzerne sind beliebte Arbeitgeber für die Generation Z.
>
> 4: Einem Unternehmen, das nicht nachhaltig wirtschaftet, würde jeder fünfte Z-ler den Rücken zukehren.
>
> 5: Jugendliche zwischen sechzehn und achtzehn Jahren sind täglich bis zu drei Stunden mit ihrem Smartphone online.

Kennen Sie die Antworten? Die Auflösung erhalten Sie in der digitalen Playbox zum Buch.

Was können wir tun, damit wir einer dieser erfolgreichen Arbeitgeber werden?

Wenn sich eine Generation den Arbeitgeber aussuchen kann, dann stellt sich die Frage, wie kann ich als Unternehmen es schaffen, genauso zu werden, wie sich die Generation Z seinen Wunscharbeitgeber vorstellt? Und natürlich muss ich einen Weg finden, um am Ende des Tages noch Geld verdienen zu können.

Vorweg: Es sind mehrere Dinge und ein Allgemeinrezept gibt es nicht. Ein moderner und zukunftsorientierter Arbeitgeber zu werden, erfordert Ideenreichtum, Veränderung und etwas Mut. Und das darin Zeit und Geld inbegriffen sind, was generell bisher in der Budgetierung der Vorstände und Geschäftsführung nicht vorhanden ist, ist auch klar.

Empathie und Interesse, Vertrauen und Moral – Wünsche der Generation Z im Job

Die Wünsche der Z-ler klingen beim ersten Lesen wie ein Dating-Profil. Wir suchen vergebens nach Schlagwörtern wie »viel Geld verdienen« oder »Karriere machen« und finden stattdessen Werte, die man sich generell im Leben wünscht, unabhängig von der Arbeit. Schauen wir einmal genauer hin und nehmen einige Umfragen als Grundlage für Erklärungen:

Gibt es zu viele zweite Chancen für junge Menschen?

Manche Jugendlichen sehen ihre Generation sehr selbstkritisch und ich war überrascht über einige Antworten auf die Frage, die dieses Unterkapitel schmückt. Wir leben in einer Zeit, in der du nach der Schule beinahe alles ausprobieren kannst, was du möchtest. Zumindest rein theoretisch. Weiterführende Schule, Studium, Ausbildung, Auslandsaufenthalt, Selbstständigkeit, Quereinstieg – die Auswahl an Lebens- und Arbeitswegen scheint unbegrenzt. Einen einzigen Plan zu schmieden fällt immer schwerer. Doch die Sache hat einen Haken: Zu viele Alternativen senken den Willen und das Durchhaltevermögen, eine einzige Sache auch wirklich bis zum Ende durchzuziehen. Im Hinterkopf gibt es auch immer den Gedanken »Falls das nicht klappt, kann ich ja immer noch dies oder jenes tun«. Keine gute Begleitmusik, wenn man versucht, sich für etwas zu begeistern, und sich vielleicht auch anstrengen muss.

Sehen Sie daher das Leben mit den Augen der Generation Z: Wie sehr würden Sie sich für etwas einsetzen, wenn Sie doch wüssten, dass es nur eine von vielen Möglichkeiten ist, den Lebensunterhalt zu bestreiten? Wie haben Sie sich gefühlt, als Sie die Schule abgeschlossen und endlich einen Ausbildungsplatz ergattert hatten? Sie haben sich noch gegen viele Mitwerber durchsetzen müssen und konnten dann endlich zum ersten Mal eigenes Geld verdienen. Schon während der Ausbildung überlegten Sie vielleicht, wie es danach weitergeht, welche beruflichen Chancen sich ergeben und ob Sie übernommen werden. Sie wussten, dass sie sich anstrengen müssen, um nicht nach der Ausbildung auf der Straße zu stehen oder eine Lücke im

Lebenslauf zu riskieren. Stand dann nicht auch das Wort Karriere ganz oben auf Ihrer Wunschliste? Es war auch üblich, dass man gewisse gesellschaftliche Kriterien erfüllt. Erst ein Auto, dann eine Wohnung oder vielleicht sogar ein Haus. Das Leben schien so durchgeplant und Alternativen waren nicht vorhanden.

Wenn ich mich mit Menschen aus verschiedenen Generationen unterhalte, scheint es so, als gäbe es besonders für die Generationen X und Babyboomer quasi ungeschriebene Gesetze, wie ein beruflicher und privater Lebensweg auszusehen habe. Es scheint vieles starr, unverhandelbar, vorbestimmt, nicht diskutabel.

Lassen Sie uns mal den obigen Abschnitt eines beispielhaften Lebenslaufs der älteren Generationen auf einen jüngeren Menschen übertragen. Beginnend mit dem ersten Satz steckt im Wort »finanzieren« schon die Frage, was man denn finanzieren möchte, wenn Geld bei vielen jungen Menschen nicht mehr auf der Wunschliste der Jobauswahl ganz oben steht. Ob Sie als junger Mensch heute jubeln, wenn Sie einen Arbeitsvertrag angeboten bekommen, ist die nächste Frage. Eher wären Sie ratlos, welchen der vorliegenden Arbeitsplatzangebote Sie jetzt wählen sollen. Ihre langfristigen Pläne – sofern Sie sich heutzutage überhaupt welche machen würden – könnten ebenfalls ganz anders aussehen. Familie gründen? Mal sehen. Den Führerschein mit den ersten Gehältern finanzieren? Wenn es notwendig ist, ja. Auf ein Auto, Wohnung oder Haus sparen? Eher weniger, denn Statussymbole sind out. Sie entscheiden sich also für den Arbeitsvertrag, der Ihnen ein gutes Gefühl gibt, wirklich Spaß bei der Arbeit zu haben und sich sinnhaft mit einem Team für das große Ganze einsetzen zu können. Sollte das nicht klappen, hätten Sie auch kein Problem, das Handtuch zu werfen, etwas Neues zu suchen oder eventuell auch einfach spontan etwas ganz anderes zu arbeiten.

Sie sehen, fast alles erscheint heute anders im Vergleich zur Situation vor zwanzig oder dreißig Jahren. Die Stimmen derer, die behaupten, die junge Generation unterscheide sich nicht von den vorherigen, verstummen allmählich.

Die sogenannte zweite Chance gibt es vielleicht bald obendrein auf dem Silbertablett serviert, denn immer mehr Unternehmen sind dankbar für jede neue Arbeitskraft. Das Schulzeugnis verliert an Bedeutung und ein stimmiger Lebenslauf wird immer häufiger obsolet. Diese Veränderung ist in den Köpfen vieler Z-ler angekommen. Wenn Plan A nicht funktioniert, dann liefert das Alphabet noch jede Menge weitere Buchstaben. Dieses Meer an Chancen ist aber gleichzeitig auch ein süßes Gift und kann Menschen dazu verführen, nachlässig oder sogar faul zu werden. Ganze Unternehmen können so in eine Krise stürzen.

Das ist dann der Grund, warum manchmal auch Personaler und Unternehmer auf mich zukommen und mich um Rat fragen, wenn Schüler mit einem einzigen Berufswunsch vor ihnen stehen: berühmt zu werden. Unwissend, in welchem Beruf, welcher Position oder welcher Branche. Auch hier bringt ein Blick hinter die Kulissen Aufschluss. Jugendliche folgen ihren Idolen, und das sind heute Onlinestars auf Instagram und Co mit teilweise Millionen Fans. Nur zu oft sieht es aus, als ließe sich als Berühmtheit schnell und einfach viel Geld verdienen. Eine lustige bunte Welt auf Instagram und TikTok suggeriert das zumindest. Wir Erwachsenen haben dann die Aufgabe, dieses Bild klarzurücken und etwas mehr Realität in die Berufsfindung zu integrieren.

1.3 Soziales und politisches Engagement der Generation Z

Soziales Interesse der jungen Generation

Eine Generation, die von manchen Leitmedien gerne als faul und verwöhnt beschrieben wird, kann wohl kaum mit den Begriffen sozial und engagiert zusammengebracht werden. Oder etwa doch?

Eine Studie des Instituts für Management- und Wirtschaftsforschung im Auftrag der Beratungsfirma Baulig Consulting beweist das Gegenteil! Unter den rund dreitausend befragten Fünfzehn- bis Dreißigjährigen gaben neunundvierzig Prozent an, sich in ihrer Freizeit für soziale und politische Ziele einzusetzen.

Die Untersuchung widerlegt deutlich, was der Großteil der älteren Generationen über junge Menschen denkt. Man muss sich nur ein wenig in die Gen Z hineinversetzen und wird schnell feststellen, dass es genügend virtuelle Inspirationen für soziales Engagement im Alltag auf dem Smartphone gibt. Influencer, Organisationen und Vereine freuen sich über Millionen von jungen Followern, die nicht nur deren Posts liken, sondern inspiriert und aufgerufen werden, auch selbst etwas zu tun. »Setzt euch dafür ein«, »helft mit« oder »unterstütze dieses Projekt in deiner Stadt« sind die Appelle, denen treue Follower dann auch Folge leisten wollen.

Eine dieser bekannten Influencerinnen ist Jule Nagel, die mit ihrem Kanal @julesboringlife bei Instagram und TikTok zusammen rund acht Millionen Follower hat. Sie engagiert sich für krebskranke Kinder und besucht sie in Krankenhäusern oder zu Hause. Ihre Follower nimmt sie dabei mit und inspiriert andere, sich für kranke Menschen einzusetzen und zu engagieren. Ihre Storys und Reels wirken authentisch, nahbar und emotional.

Social Media ist also auch ein Impulsgeber für soziales Engagement. Mit Social Media entsteht aber auch ein gewisses Bild über sich selbst und ein Druck, den man spürt, etwas tun zu müssen, das andere auch tun. Bewundert zu werden und viele Likes zu sammeln, indem man endlich posten kann, bei welchem sozialen Projekt man sich einsetzt, bringt die Befriedigung, etwas Gutes getan zu haben und nicht nur faul rumzusitzen.

In unserer Konsumgesellschaft erkennen immer mehr Menschen, dass man Glück nicht kaufen kann, aber durch gesellschaftliches Engagement erleben kann. Das Gefühl, etwas Gutes zu tun, vielleicht auch als Gruppe gemeinsam etwas zu erreichen, »dazugehören« und dabei sogar noch echte Freunde statt nur die bei Instagram gewinnen zu können, motiviert intrinsisch.

Nicht wenige entdecken bei solchen Engagements neue Fähigkeiten und Stärken, die ihnen vorher nicht bewusst waren, weil in der Schule oder zu Hause keine Möglichkeit bestand, diese auszuleben. Meine 2007 geborene Tochter engagiert sich derzeit in gleich zwei Vereinen. Sie schlüpfte fast schon automatisch nach jahrelangem Tanzen und dem Einstudieren von Choreografien in die Rolle, selbst andere Kinder zu unterrichten, Choreos zu entwerfen und mit diesen gemeinsam einzustudieren. Der Lohn sind strahlende Kinderaugen und erfolgreiche Auftritte bei örtlichen Turnshows und anderen Veranstaltungen in der Umgebung. Dass sie dabei nichts verdient und auch keine Aufwandsentschädigung bekommt, stört sie genauso wenig wie die vielen Stunden Arbeit neben der Schule, die sie dafür investiert. Der Grund ist einfach: Das, was sie tut, wird mit Wertschätzung und Dankbarkeit entlohnt.

Ein letzter Punkt, der erklärt, warum die Generation Z starkes Interesse zeigt, sich sozial zu engagieren, ist der positive Nebeneffekt, soziale Kontakte zu knüpfen. Das ist an für sich nichts, was andere Generationen nicht auch schon erkannt haben, wirkt sich aber bei der jungen Generation wesentlich stärker aus. Denn Z-ler schotten sich unbewusst von der Umwelt oft ab. Bei vier bis sechs Stunden Smartphone-Konsum täglich bleibt rein rechnerisch neben Schule und Hausaufgaben nicht mehr viel Zeit, um im echten Leben noch andere Menschen zu treffen. Im Rahmen eines Ehrenamtes ist dies allerdings ein netter Nebeneffekt.

Trotz des zunächst positiv klingenden Ergebnisses der Studie, dass sich jeder zweite junge Mensch in Deutschland sozial engagiert, klagen immer mehr Vereine über Mitgliederschwund. Dass der Mitgliederschwund aber auch damit zusammenhängt, dass es einfach weniger junge Menschen gibt, erkennen im ersten Moment viele nicht. Die steigende Anzahl von Angeboten und neuen Sportarten, wie beispielsweise Baseball oder Football aus Amerika, machen Traditionsvereinen zusätzlich Probleme.

Und noch eine Sache hat sich in den letzten Jahren deutlich geändert. Die Jugend ist flexibel. Man unterstützt bei einer Demo, wenn man gerade Lust darauf hat, will sich aber nicht verpflichten, in einem Verein jeden Donnerstag um achtzehn Uhr erscheinen zu müssen. In Start-up-Unternehmen ist immer mehr zu sehen, dass feste Rollen flexibel aufgeteilt werden. Eine Führungsposition, die monatlich von jemand anderem wahrgenommen wird (und bei einigen Unternehmen funktioniert das sogar), lässt sich auf Initiativen übertragen, die als eine Art Projekt gesehen werden, das für eine begrenzte Zeit Menschen leiten, bis das Ziel erreicht ist.

Können wir daraus etwas lernen? Sollten wir bei der Nachwuchsgewinnung darüber nachdenken, Strukturen zu verändern oder sie mindestens mal kritisch zu hinterfragen? Leider wird sowohl in Traditionsunternehmen als auch in Traditionsvereinen jede Neuerung vom Vorstand zunächst gerne abgeschmettert. Wie oft ich schon »Ihr Vorschlag funktioniert sowieso nicht« gehört habe, kann ich gar nicht mehr zählen. Und das trotzdem der vielen positiven Beispiele, die wir immer öfter sehen.

Politisches Interesse der jungen Generation

Häufig bekomme ich die Frage gestellt, warum sich junge Menschen nicht für Politik interessieren. Den Sachverhalt sollte man aber genauer betrachten. Laut der oben genannten Studie besteht bei drei Viertel aller jungen Menschen ein politisches Interesse. In einer Partei sind allerdings nur zwei Prozent aktiv.

Die meisten fühlen sich nicht gehört oder bei Entscheidungen nicht gefragt. Die jungen Erwachsenen wollen sich mit ihren Ideen einbringen, stellen dann aber schnell fest, dass das politische System in Deutschland nicht in der Geschwindigkeit agieren kann, wie es Menschen heute in ihrer digital geprägten Kindheit gewohnt sind.

Selbst engagierte Politiker finden oft nicht die richtige Ansprache jungen Menschen gegenüber. Immer weniger Z-ler setzen sich mit Politik-Nachrichten an TV-Geräten oder Radios auseinander und sind lieber zu ganz anderen Themen in ihrer Welt unterwegs. Die Themen, die junge Leute interessieren, stimmen oft nicht überein mit den Wahlprogrammen von Parteien. Und wo nach einem Parteieintritt mitbestimmt werden kann, erscheint die politische Willensbildung viel zu kompliziert, dauert zu lange und ist ohne Erfolgsgarantie. Ein Post in Social Media bringt sofort Likes. Dann doch lieber nur an einer Demo teilnehmen. Da weiß man wenigstens danach, dass man als Einzelner etwas erreichen konnte durch seine Präsenz.

Ein weiterer Grund sind fehlende Einblicke in das politische System während der Schulzeit. Zwar besuchen Schulen auch den Bundestag, aber dort bekommt man dann nicht unbedingt den Einblick, mit dem man sich die tägliche Arbeit eines Politikers auch vorstellen kann. Das fehlende Wissen, was man jetzt als Einzelner wirklich verändern kann, mündet dann im Interesse an anderen Themen.

Eine Schülerin sagte mal zu mir: »In den Parteien sind doch nur alte Leute, die eh nicht auf uns hören und zudem noch Vorurteile haben. Da wollen wir nicht auch noch Mitglied werden.« Die Parteien haben es versäumt, ordentliche Nachwuchsarbeit zu betreiben. Das Durchschnittsalter der Abgeordneten im Bundestag liegt 2021 bei über siebenundvierzig Jahren. Das Durchschnittsalter aller Mitglieder politischer Parteien liegt bei fast sechzig Jahren, wobei die Grünen mit achtundvierzig Jahren im Durchschnitt noch die jüngsten Mitglieder haben (Statista, Durchschnittsalter der Mitglieder der politischen Parteien in Deutschland am 31. Dezember 2019). Wundern Sie sich bei diesen Zahlen über das Desinteresse daran, eine politische Laufbahn einzuschlagen?

Wer sich wirklich in einer Partei engagiert, hat vermutlich eine antreibende Kraft. Und das sind oft die Eltern. Wer vorgelebt bekommt, wie es aussehen kann, ehrenamtlich oder beruflich Politiker zu sein, wird dadurch eventuell auch überzeugter sein, sich selbst entsprechend einmal auszuprobieren. Viele Eltern haben aber weder Zeit noch Interesse politisch aktiv zu sein und leben dann auch seltener solche Funktionen ihren Kindern vor.

Wer wirklich erreichen will, dass junge Menschen sich mit einer politischen Partei beschäftigen, muss es entweder vorleben, sichtbar auf den Kanälen junger Menschen damit werden oder Politik modern kommunizieren und gestalten, statt an alten Strukturen festzuhalten. Auch hier gilt der Grundsatz »Das haben wir schon so gemacht und werden es auch nicht ändern« als falsch und nicht zielführend.

2.
Psychografie der Generation Handy – ein Modell liefert wertvolle Antworten

In den letzten zehn Jahren habe ich mich oft gefragt, welches die Grundpfeiler einer erfolgreichen Generationenzusammenarbeit und einer gelungenen Integration der Generation Z sein können. Was ist entscheidend, um als Babyboomer, X-ler oder Y-ler die jungen Menschen aus der Generation Z und Alpha zu verstehen? Was kann ich tun, damit sie mir zuhören? Welche Mittel und Möglichkeiten kann ich nutzen, um eine langfristige Bindung zu ihnen herzustellen?

Die Bindung, die Eltern zu ihren Kindern meist bis zum Jugendalter haben, verlieren sie oft mit dem Eintritt in die Pubertät. Es entsteht ein schwarzes Loch, das gefühlt alles, was wir sagen und mitteilen, unverzüglich im Nichts verschwinden lässt, als wären wir Erwachsenen überhaupt nicht existent. Fast schon hartnäckig scheinen manche Jugendlichen ihre Eltern zu ignorieren, einfach weil Eltern in ihren Augen uncool sind. Es reicht als Erklärungsansatz nicht aus, dass sich ein junger Mensch eben mit seiner Entwicklung verändert, sondern auch Umwelteinflüsse spielen eine bedeutsame Rolle. Beides zusammen ergibt eine Kombination von »Ich verstehe nur noch Bahnhof, wenn mein Kind etwas zu mir sagt« und »Der bekommt doch alles von mir. Dennoch ist er immer noch nicht zufrieden«. Vielleicht bekommt die nachwachsende Generation aber nicht das, was er oder sie sich wünscht, sondern nur was Eltern für richtig halten. Und genau diese Dinge, die wir für richtig und wichtig halten, sind meist andere Dinge als die Dinge, die die Generation Z als richtig und wichtig empfindet. Was mit Unverständnis gegenüber den Eltern beginnt, endet noch lange nicht mit dem Eintritt ins Arbeitsleben oder dem Abschluss der ersten Berufsausbildung. Die Unterschiede liegen tiefer. So sind seit dem Ende des Mittelalters in Europa die einzelnen Generationen je nach Epoche unterschiedlich groß geworden und von den verschiedensten Dingen geprägt worden. Doch die Veränderungen, die wir seit der Jahrtausendwende erleben, sind schon außergewöhnlich. Es scheint sich so viel im Innen wie im Außen, im Gesellschaftlichen wie im Politischen, im Digitalen wie im Analogen in einem Tempo verändert zu haben, dass wir uns nicht vorstellen können, welchen enormen Einfluss diese Veränderungen auf die Entwicklung unserer Kinder haben. Die heutige Welt eines Heranwachsenden ist eine komplett andere als die Welt, die wir Erwachsene in unserer Jugend erlebt haben. Aber wir gehen bei allem, was wir denken, sagen und erwarten, von uns und unseren Gedankengängen aus. Wir erwarten von jungen Menschen, die anders aufwachsen, dieselbe Reaktion oder dasselbe Verhalten wie uns selbst. Im besten Fall starten wir den Versuch, uns zu erinnern, wie wir mit sechzehn oder siebzehn Jahren wohl getickt haben, scheitern dann aber trotzdem mit der Feststellung »Damals war offensichtlich vieles doch ganz anders«.

Der Titel dieses Buches beschreibt bereits das Problem, das uns täglich im Miteinander begegnet. Die jungen Menschen sind oft anders, als wir denken. Denn unsere Gedanken kennen ja nur eine Vergangenheit und eine Erfahrung in dieser Vergangenheit – nämlich unsere eigene. Ich habe in den letzten Jahren oft verzweifelte Mütter, Väter, Führungskräfte und Unternehmer erlebt, die auch nach großer Anstrengung ihre Kinder und ihre jungen Arbeitnehmer nicht verstehen. Und wenn die Ursache für eine für uns unverständliche Handlung eines Menschen nicht klar ist, können wir beruflich oder privat die tollsten Angebote unterbreiten. Sie bleiben langfristig erfolglos.

Jugendliche wenden sich von ihren Eltern ab, obwohl sie doch monetär gesehen alles bekommen. Mitarbeitende kündigen unerwartet trotz Firmenwagen und Gehaltserhöhung. Was denken Sie, warum das so ist? Am Geld liegt es offenbar – in diesen zwei Beispielen – nicht. Die Reaktion, einfach noch mehr zu zahlen und noch größere Geschenke zu machen, ist dann nur ein Akt der Verzweiflung, der zu nichts führt außer zu mehr desselben – Verzweiflung und Resignation. Wir verlieren sie und das tut weh. Die Eltern schmerzt es, weil sie ihr Kind gefühlt verlieren. Den Unternehmer, weil er mit unbesetzten Stellen wirtschaftliche Einbußen hinnehmen muss.

Was wäre also, wenn wir die Möglichkeiten hätten, in die Köpfe der Generation Z hineinzuschauen, und endlich verstehen könnten, wer sie sind, was sie antreibt und wie wir ihr Potenzial zur Entfaltung bringen können? Wir müssten weniger Enttäuschungen ertragen, hätten weniger Streit und Ärger. Es gäbe mehr Motivation, Erfolg und mehr loyale Mitarbeitende.

Mein Angebot hierfür ist das EAB-Modell, das ich im Folgenden vorstelle. Mit diesem Denkansatz kann jeder über drei Pfeiler zu einem besseren Verständnis und gewissermaßen zu einem Psychogramm der Generation Z finden.

Das Modell ist auf Grundlage meiner Tätigkeit als Personaler, Berater und Trainer sowie unzähliger Gespräche und Interviews mit Beteiligten der Generation Z selbst, Eltern, Lehrern, Beratern, Führungskräften, Geschäftsführern und Unternehmern entstanden. Viele der Interviews finden Sie in meinem Podcast »Generation-Z-Talk« auf YouTube und allen gängigen Podcast-Plattformen wieder. Unternehmen, die als attraktive Arbeitgeber gelten oder diverse Auszeichnungen als »Great Place to work« oder »kununu Top Company« bekommen haben, haben die Pfeiler dieses Modells so sehr verinnerlicht, dass sie die daraus resultierenden Handlungsempfehlungen fast schon automatisch umsetzen.

Die weiteren Kapitel in diesem Buch bauen teilweise auf dem Grundwissen dieses Modells auf. Denn wer mit Menschen arbeiten und zusammenarbeiten möchte, tut gut daran, zu verstehen, wie sie ticken und warum sie so ticken.

Schauen wir uns nun die drei Bestandteile des EAB-Modells genauer an. Es sind Erziehung (E), äußere Einflüsse (A) und eine Säule, die ich als Blackbox (B) bezeichne. Zusammengenommen wird daraus das EAB-Modell.

3 | EAB-Modell

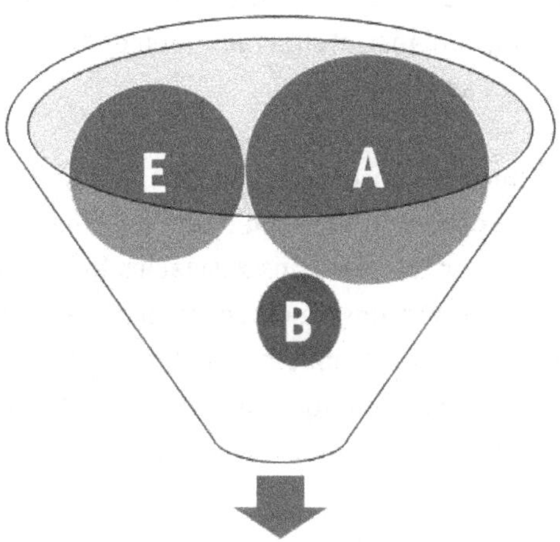

Psychogramm der Generation Z

2.1 Erziehung – Grundpfeiler E des EAB-Modells

Etwas, das uns – oft unbewusst – unser ganzes Leben prägt, ist unsere Erziehung. Mit Erziehung meine ich dabei nicht nur Dinge, die unsere Eltern, Kindergarten und Schule uns beibringen, sondern auch die Erfahrungen, die wir in unserer Kindheit und Jugend sammeln. Es ist also Erziehung in einem umfassenden Sinn gemeint.

Viele positive wie auch negativen Eigenschaften entwickeln wir meist in den Jahren unserer Kindheit. Diese Eigenschaften festigen sich im Laufe unserer Jugend und in der Pubertät und sind heute Teil unserer Persönlichkeit. Wenn jemand zu uns sagt »Du bist genau wie dein Vater (oder wie deine

Mutter)«, steckt ein Stück Wahrheit in aller Regel hinter dieser Aussage. Wir entwickeln Ticks und Macken, mit denen wir – und unser Umfeld – zurechtkommen müssen. Manche davon werden uns widergespiegelt und vielleicht sind wir auch bereit, diese zu ändern. Meistens stellen wir aber fest, dass die Veränderung von Ansichten, Prägungen und daraus resultierenden Handlungen gar nicht so einfach ist.

Als Erwachsene kennen wir unsere Welt, wissen, wie wir aufgewachsen sind und welche Erwartungen wir früher und heute an Arbeitswelt und Freizeitgestaltung haben. Wir wissen, was uns ausmacht. Und nach bestem Wissen und Gewissen versuchen wir, unsere Kinder zu erziehen, und wollen nur das Beste für sie. Wenn sie noch klein sind, nehmen sie unsere Bemühungen meist leicht an. Je größer sie werden, desto öfter stellt sich die Frage, ob sie das Beste oder das Richtige bekommen, das sie gerade brauchen.

Der entscheidende und gerne übersehene Punkt ist, dass die Erziehungserfahrungen der Generation Z andere sind als bei früheren Generationen.

Die wichtigsten Punkte sind:
- sinkende Geburtenzahlen,
- Übergang vom autoritären zum Laissez-faire-Erziehungsstil,
- überfürsorgliche Helikoptereltern,
- gesellschaftlicher Wohlstand,
- steigender Medienkonsum,
- neue Einflüsse durch Smartphone und Internet,
- neue Rolle der Väter,
- unterschiedliche Erziehung in Ost und West,
- steigende Scheidungsraten.

Schauen wir nun einige Punkte etwas genauer an, um Ursache und (Aus-) Wirkung zu analysieren.

Entwicklung der Geburtenzahlen in Deutschland, Österreich und der Schweiz

Die Geburtenzahlen in Deutschland, Österreich und der Schweiz sind im Durchschnitt der letzten Jahre rückläufig. In Deutschland ist die Geburtenzahl pro Frau zwischen 1960 und 2020 von 2,37 auf 1,53 Kinder stark gesunken. In Österreich sank sie von 2,69 auf 1,44 und in der Schweiz von 2,44 auf 1,46. Glücklicherweise steigt die Geburtenrate seit fünf Jahren wieder leicht an, dennoch bleibt sie mit 1,6 Geburten deutlich unter den Werten der Sechziger- und frühen Siebzigerjahre des letzten Jahrhunderts. Aber was hat eine niedrige Geburtenrate mit der Erziehung zu tun? Die geringere Anzahl der Menschen eines Jahrgangs wirkt sich nicht nur auf den Fachkräftemangel aus, sondern er prägt auch ganz wesentlich den möglichen Erziehungsstil.

Viele Kinder zu haben, bedeutet für die Kinder geteilte Aufmerksamkeit durch die Eltern. Besonders bei drei Kindern und mehr ist die Zeit pro Kind stark begrenzt. Ein Einzelkind zu sein, bedeutet hingegen volle Aufmerksamkeit. »Total verwöhnt – typisch Einzelkind« hört man manchmal, wenn Eltern untereinander oder übereinander reden. Auch wenn es in den letzten Jahren in manchen Bundesländern wieder vermehrt Geschwisterkinder gibt, ist die Anzahl von Einzelkindern verhältnismäßig hoch. In Deutschland sind es sechsundzwanzig Prozent der Minderjährigen, die ohne Geschwister aufwachsen. In Österreich und der Schweiz sind die Zahlen nahezu identisch.

Familien mit mehreren Kindern haben durchaus mehrere Vorteile, die sich im späteren Leben bemerkbar machen. Mit einem oder zwei Geschwistern gewinnen Kinder oftmals auch Vorbilder, von denen sie lernen können. Sie orientieren sich dann weniger an externen Persönlichkeiten, die eventuell ihr noch naives Zutrauen ausnutzen und dem jungen Menschen eine Richtung zeigen, die auch auf eine schiefe Bahn führen kann. Die Verantwortung, die Ältere für ihre jüngeren Geschwister haben, verhindert eher ein mögliches Abdriften. Auch sind Eltern in ihrer Rolle ab dem zweiten Kind eingespielter, was sich positiv auf die Erziehung auswirkt.

Mögliche Machtkämpfe zwischen den Geschwistern können zwar auch einen Nachteil darstellen, stärken aber eine wichtige Fähigkeit, die jeder Mensch früher oder später lernen muss: Selbstbewusstsein. An Selbstbewusstsein und Selbstvertrauen fehlt es aber immer mehr jungen Menschen. Nach außen oder auf den ersten Blick mag das vielleicht nicht so erscheinen. Das Durchsetzen gegen Geschwister ist aber ein wichtiger Entwicklungsschritt, genau wie das Entwickeln von Einfühlungsvermögen, das sich in der Kommunikation mit Gleichaltrigen bildet. Hinzu kommt die Erfahrung, dass zu Hause andere Kinder sind, mit denen die Zeit verbracht werden kann. Besonders während der Corona-Pandemie fühlten sich bis zu fünfzig Prozent der Jugendlichen in Deutschland einsam. Eine Einsamkeit, die Folgen hat, wenn man aktuelle Zahlen der psychischen Störungen Jugendlicher anschaut.

Erziehungsstil

Wie hat sich der Erziehungsstil in den letzten siebzig Jahren verändert und welche unterschiedlichen Formen gibt es überhaupt? Damit wollen wir uns in diesem Unterkapitel beschäftigen und einen Vergleich zwischen den vier Generationen, die heute zusammenarbeiten, schaffen.

Erziehung bei den Babyboomern

Erziehung vor rund siebzig Jahren und damit im ersten Nachkriegsjahrzehnt war von Begriffen geprägt, die heute oftmals schon Fremdwörter in manchen Familien zu sein scheinen: Unauffälligkeit, Bescheidenheit und eine klaglose Einordnung in bestehende Verhältnisse. Bei der Generation der Babyboomer, die zwischen 1950 und 1964 geboren wurden, hatten Eltern gar nicht die Zeit und die Haltung, ihre Kinder umfassend zu beschirmen und behüten zu wollen. Oft herrschten eine strenge Erziehung und Schläge auf Hände oder den Po durch Eltern oder die Lehrer waren üblich und erlaubt.

Kinder hatten eher nebenbei mitzulaufen und erfuhren nicht immer die Liebe und Aufmerksamkeit, die späteren Generationen entgegengebracht wurde. Oftmals wurden Kinder der Generation Babyboomer auch von den unverarbeiteten Kriegstraumata der Eltern geprägt, auch wenn sie selbst von diesen schrecklichen Erlebnissen verschont blieben. Es galt oft nur, die Kinder in diesen Jahren irgendwie großzuziehen, denn weder Zeit noch Geld für viel Fürsorge waren vorhanden. Auch das Miteinander war damals in den Familien aus heutiger Sicht eher eingeschränkt. Man teilte Regeln mit, unterhielt sich aber lediglich beim Essen etwas ausführlicher. Man wurde zu ordentlichen und ruhigen Kindern erzogen – was prinzipiell nicht verkehrt scheint.

Bei schlechten schulischen Leistungen bekam das Kind Ärger mit den Eltern. Ganz im Gegensatz zu heute, wo Lehrer meistens Ärger mit den Eltern bekommen.

Durch die Haltung, mehr zu tadeln, statt zu loben, entstanden damals schon die ersten Herausforderungen, die später auf Führungskräfte dieser Generation zurückfallen sollten. Ein autoritärer Führungsstil in Unternehmen ohne jegliches Lob und null Wertschätzung hat seine Ursachen mit in solchen Erziehungserfahrungen.

Erziehung bei der Generation X

Die Hoffnung auf eine bessere Zukunft beschreibt oft die Zeit, in der die nachfolgende Generation X groß geworden ist. Die Arbeitslosenquoten sanken und ein Wohlstandsgefühl breitete sich aus. Ein Stichwort kursiert immer wieder, wenn wir über die Generation X sprechen: Karriere. Und zwar erstmals in breiten Schichten für Männer und Frauen.

Die Sechziger- und Siebzigerjahre gelten auch im Hinblick auf die Erziehung als Jahrzehnte des Umbruchs. Liberalere Auffassungen begannen sich immer mehr durchzusetzen und veränderten langsam die Erziehung. Das brauchte allerdings einige Zeit, denn auch in den Siebzigern hielten noch immer viele Eltern die Prügelstrafe für eine gute Erziehungsmethode. Junge Eltern schafften es aber, starre Formen zu überwinden und Freiheit und Ungezwungenheit in der Erziehung zu vermitteln. In den Siebzigerjahren gab es auch die ersten Eltern, die aus Überzeugung ihren Kindern gar keine Grenzen mehr setzten. Die antiautoritäre Erziehung, in der man auf mehr Eigenständigkeit und Kreativität des Kindes setzte, ist eine Erscheinungsform dieser Zeit. Auch erste alternative Schulformen, in denen Kinder lernen durften, was sie wollten, wurden weltweit bekannter und führten auch in Deutschland zu zahlreichen neuen Schulgründungen in den Jahren von 1965 bis 1979.

Erziehung bei der Generation Y

In dieser Generation haben Kinder zunächst viel außerhalb der elterlichen Wohnung mit Freunden und in der Natur unternommen. Sie waren in ihrer Freizeit oft schon auf sich allein gestellt und konnten sich ausprobieren. Regeln und Vorgaben von Eltern ließen in vielen Familien im Vergleich zu den Vorjahren stark nach. Man erwartete zwar einen Hinweis, wo sich das Kind am Mittag herumtrieb, gab sich aber damit zufrieden, dass es irgendwann am Abend – und wenn möglich zum Abendessen – nach Hause kam. Die Rolle des patriarchischen Vaters, der am Esstisch abends Ruhe und Ordnung verlangte, entsprach größtenteils nicht mehr dem typischen Familienbild.

Die Sorge um die Kinder war generell von weniger Angst geprägt. Der Weg in die Schule erfolgte meistens allein mit Bus, Bahn oder Fahrrad. Und das auch unabhängig vom Wetter. Heute undenkbar für viele Eltern, die ihre Kinder täglich mit dem Auto zu Schule bringen.

Eltern dieser Generation mussten sich vor allem mit neuer Technik befassen. Denn die Popularität von Spielekonsolen und spielfähigen PCs führten dazu, dass Kinder teilweise tagelang ihr Zimmer nicht mehr verließen. Eltern hatten von dieser neuen Technologie zunächst nicht viel Ahnung und schon überhaupt keine Erfahrung. Mit der Einführung des Internets und der Möglichkeit, sich von jedem Heim-Computer in eine neue Welt einzuklinken, konnten sie ebenfalls ihre Kinder nur bedingt beraten und unterstützen. Der elterliche Bezug litt dadurch, denn während sich die Kinder schnell in dieser modernen Welt zurechtfanden, galten Eltern immer häufiger als oldschool.

Den vorherrschenden Erziehungsstil bei der Generation Y könnte man insgesamt als locker und auf Vertrauensbasis beschreiben. Probleme mit Freunden oder in der Schule mussten – oder durften – Kinder oft selbst klären und erfragten maximal einen Rat der Eltern dazu.

Erziehung bei der Generation Z

Das Motto »Beziehung statt Erziehung« ist für diese Generation zutreffender als für jede andere vor ihnen. An Liebe, Zuneigung und Förderung soll es den Kindern nicht mangeln. Seit dem Jahrhundertwechsel befassen sich Eltern deshalb intensiver mit Themen wie Gesundheit, Ernährung und digitalen Medien. Die Erziehungsstile der Generationen Babyboomer und X gelten heute als sogenannte schwarze Pädagogik. Gewaltlosigkeit und maximale Freiheit sowie individuelle Entfaltung sind bis heute für viele Eltern wichtigere Werte in der Erziehung.

Dieser liebevolle und fürsorgliche Erziehungsstil prägt Kinder aber auch für das Leben. So sehr, dass sie dieselbe Zuwendung auch im Berufsleben ganz selbstverständlich erwarten. Wer sich also bisher gefragt hat, warum ein Von-oben-herab-Delegieren von der jungen Generation oft kritisch betrachtet wird, findet hier seine Antwort.

Die Kindererziehung neigte und neigt bis heute leider zu krassen Tendenzen und Extremen. Den Weg zu einer für das Kind (und nicht für die Erwachsenen) bestmöglichen Erziehung zu finden, misslingt schneller, als viele Eltern es sich eingestehen. Besonders die Tendenz zum Überbehüten führt nicht zu mehr Freiraum und Entfaltung der Kinder, sondern zum Gegenteil, nämlich zu einer Abhängigkeit, die spätestens mit dem Übergang von Schule zu Arbeitswelt mit schmerzhaften Erfahrungen verbunden sein kann.

Dieses Phänomen des Überbehütens zeigt sich, wenn Eltern beispielsweise ihre sechsjährigen Kinder auf dem Spielplatz von Klettergerüst zu Klettergerüst begleiten. Kennen Sie das auch? Das sind leider typische Eltern der Generation Z und Alpha.

Diese modernen Eltern setzen ihrem Kind einen Helm auf, bevor es sich auf die Schaukel setzen kann und verlieren es nie aus dem Sichtfeld. Zusätzlich installieren sie spezielle Apps auf den Smartphones von Kind und Eltern, um immer auf den Meter genau den Aufenthaltsort des Nachwuchses ersehen zu können.

Es gibt auch Eltern, die mittags in die Schulmensa fahren und den Sprösslingen das Essen klein schneiden. Zu Hause wärmen sie Speiseeis in der Mikrowelle auf, damit es nicht so kalt ist. Sie sind für ihre Kinder nicht mehr nur die Erziehungsberechtigten, sondern vielmehr Freunde, Mentoren, Coaches, Lehrer, Animateure und Fahrer. Alle Rollen in einer Person. Das kann schon mal anstrengend sein.

Sie haben es vielleicht erkannt. Wir sprechen von Helikoptereltern. Manche bezeichnen sie auch als Rasenmäher-Eltern oder Schneepflug-Eltern. Gemeint ist dabei immer, dass diese Eltern den Weg für ihre Kinder freiräumen. Sie sehen ihre Kinder immer im Recht und machen es auch den Lehrern immer schwerer. Bringt das Kind eine schlechte Note mit nach Hause, steigen die Eltern sofort ins Auto und fahren in die Schule, um sich dort beim Direktor zu beschweren.

Eine befreundete Grundschullehrerin berichtete mir von einer Mutter, die nur ein Beispiel für typische Helikoptereltern beschreibt: »Es war kurz nach der Zeugnisausgabe, als letztes Jahr die Mutter einer Viertklässlerin bei mir in der Schule vor dem Lehrerzimmer auftauchte. Sie wollte mit mir ein klärendes Gespräch, in dem es um die Schulempfehlung ihrer Tochter ging. Ich hatte aufgrund der Leistung des Kindes eine Hauptschule empfohlen, womit die Mutter überhaupt nicht einverstanden war. Sie verlangte von mir, dass ich die Empfehlung umschreiben sollte von einer Hauptschulempfehlung zu einer Gymnasialempfehlung, da sie für ihre Tochter nur das Beste wolle.« Eine pensionierte Lehrerin berichtete als Gast in meinem Podcast, dass es inzwischen völlig normal sei, dass in einer gewissen Regelmäßigkeit Eltern in der Schule Schlange stehen, um über die Dreier und Vierer in Schularbeiten zu diskutieren und eine Notenkorrektur zu verlangen. Sie berichtete auch, dass diesem ständigen Druck Teile des Lehrerkollegiums nicht mehr standhalten wollten oder konnten und so sich Mühe gaben, ihre Schüler möglichst vorteilhaft zu bewerten, also schlechte Notenvergaben nach Möglichkeit zu vermeiden.

Ich selbst kann nicht beurteilen, ob sie für die Allgemeinheit an deutschen Schulen gesprochen hat oder ob es sich um subjektive Einzelfälle handelt. Was ich aber aufgrund vieler dieser Gespräche in den letzten Jahren beurteilen kann, ist, dass sich offenbar einiges geändert hat. Immer mehr Eltern erwarten »fertige Kinder«, die perfekt fürs Leben vorbereitet aus der Schule entlassen werden, sie sind aber selbst nicht bereit, ihren Beitrag dazu zu leisten.

Das Handeln solcher Eltern endet weiterhin leider auch nicht mit dem Einstieg ihrer Kinder ins Berufsleben. Als ehemaliger Personaler habe ich so manche skurrilen Erlebnisse machen dürfen, die nicht nur die Bewerber, sondern auch mich geprägt haben. Anfang der Zweitausender wurde es allmählich zu einer Art Selbstverständlichkeit, dass Eltern für ihre Kinder die Bewerbung für eine Ausbildungsstelle schreiben. Später hat das dann Google erledigt und heute macht ChatGPT einen super Job darin. Die Anrede im Anschreiben mit »Sehr geehrter Herr Mustermann« störte mich nach einer Weile nicht mehr, solange sich die Bewerber auf die ungefähr passende Stellenbezeichnung bewarben.

Manchmal habe ich mich gewundert, wenn zum Vorstellungsgespräch außer dem Bewerber noch die Eltern mitkamen. Einmal brachten sie sogar ihr Haustier mit. Das war dann schon etwas kurios, denn ich wusste am Ende nicht, wen ich nun einstellen sollte. Vielleicht besser die Mutter als den Sohn. Zumindest ergaben das meine Auswertungsformulare, die ich getrennt für jede anwesende Person ausfüllte. Wenn dann die Frage zu den Stärken des Bewerbers gestellt wurde und die Mutter mit »Dazu kann er noch nichts sagen – das muss ich beantworten« den Gesprächsverlauf maßgeblich gestaltete, war die Entscheidung eigentlich klar, wen ich von den beiden für eine Ausbildung haben wollte.

Damit diese Eltern ihre Kinder später nicht auch noch wegen Überforderung bei der Arbeit abmelden müssen, wird jetzt klar, dass man als Unternehmer den eigenen Führungsstil mit hoher Wahrscheinlichkeit überdenken muss.

Doch nicht alle Menschen sind gleich. Auch in der Generation Z nicht. Es gibt auch entgegengesetzte Tendenzen. Zum Beispiel Bewerber, die durch einen eher autoritären Erziehungsstil geprägt worden sind. Besonders wenn beide Elternteile arbeiten, finanziell wenig Möglichkeiten haben oder die Mutter beziehungsweise der Vater alleinerziehend sind, bleibt nicht die Zeit – und beim ersten Kind auch nicht die Erfahrung – für viel Freiraum und Möglichkeiten, bei allen Tagespunkten und Aufgaben das Kind dazu anzuhören und mitentscheiden zu lassen. Um einen oft dicht getakteten Tagesablauf zu gewährleisten, muss das Kind in gewissem Sinn einfach auch funktionieren. Das bedeutet nicht, dass die Liebe im Vergleich zu anderen Erziehungsstilen weniger präsent wäre. Auch heute ist es einigen Eltern gar nicht möglich, zu Helikoptereltern zu mutieren.

Entsprechende Erziehungsstile sind auch für einfachere Schichten typisch. Bei diesen Familien sind häufig eine strengere, aber auch bisweilen vernachlässigende Erziehung festzustellen sowie starre Arbeitsteilung, mangelnde Weltoffenheit und geringere Konfliktbereitschaft.

Zusammenfassend hier vier wichtigsten Erziehungsstile von Eltern der Generation Z:

- Der autoritäre Stil: geprägt durch Kontrolle und Distanz, wobei Regelverstöße bestraft werden. Die Selbstständigkeit des Kindes wird kaum gefördert.
- Der autoritative Stil: enthält die Merkmale des autoritären Stils, aber mit mehr Wärme und positiver Bestärkung. Diskussionen und Einwände des Kindes sind durchaus erwünscht.

- Der nachgiebig/verwöhnende Stil (laissez-faire): wenig Forderungen, aber viel Wärme. Die Bedürfnisse des Kindes stehen im Mittelpunkt.
- Der vernachlässigende Stil: wenig Forderungen, Interesse und Wärme. Die Bindung fehlt, was zu mangelndem Selbstwertgefühlen führen kann.

In welchem Erziehungsstil finden Sie sich wieder? Welchen Stil, glauben Sie, haben Ihre jüngeren Mitarbeiter zu Hause erfahren?

Das Hineindenken in die Erziehung ermöglicht, den individuellen Zugang zu jedem einzelnen Mitarbeiter zu finden und die Motive hinter Handlungen zu verstehen. Es geht also nicht darum, Mitleid für jemanden zu empfinden, der offenbar eine schwierige Kindheit hatte, sondern um viel mehr. Es geht darum, Ihren Führungsstil gegebenenfalls zu überdenken oder anzupassen, um ein besseres Vertrauensverhältnis aufzubauen. Und wenn Sie Eltern sind, hilft diese Übersicht, einmal darüber nachzudenken, ob Ihr Erziehungsstil wirklich der passende für Ihr Kind ist oder ob nur Sie sich damit wohlfühlen. Verurteilen Sie dabei auch nicht andere Familien, sondern versuchen Sie sich hineinzuversetzen, was zu dem, was Sie wahrnehmen, führen könnte.

Schulische Erziehung

Der Einblick in den heutigen Alltag von Pädagogen gibt Führungskräften bedeutsame Impulse, wie sich die junge Generation verändert hat. Es gibt hierzu viele Untersuchungen, doch berührt mich viel stärker, was mir Lehrer aus ihrem Schulalltag berichten. Auch wenn es natürlich subjektive Erlebnisse sind, so möchte ich hier doch zwei Schilderungen herausgreifen, um Ihnen eine konkrete Vorstellung zu vermitteln, was heute in Schulen passiert, und vor allem, um auch Ansatzpunkte für eigenes Handeln aufzuzeigen.

Zwei spannende Gäste hatte ich dazu auch in meinem Podcast. Stephan Pfau ist ehemaliger Deutscher Meister im Tennis, seit fünfzehn Jahren Lehrer an einer Werkrealschule und inzwischen auch selbstständiger Mentalcoach zusammen mit seiner Frau Arianna. Arianne ist selbst aus der Generation Z. Ich möchte Ihnen einen kleinen Ausschnitt aus unserem Interview zeigen:

***Felix:** »Wie haben sich Schüler in den letzten Jahren in ihrem Verhalten und ihren Werten in den letzten Jahren verändert?«*

***Stephan:** »Gerade am Anfang in meinem Beruf gab es bestimmte Situationen, wo ich zunächst dachte: Wo bin ich denn hier gelandet? Ich habe komplett anders getickt als Schüler der heutigen Generation. Es fehlt ein gewisser Respekt und eine Distanz zum Lehrer. Schüler suchen Nähe und Bindung, mit der ich zu Beginn überhaupt nicht umgehen konnte. Die Schüler haben mir gezeigt, dass ich auf sie eingehen muss, um sie zu verstehen und damit sie auch mich verstehen lernen können. Das situationsangepasste Handeln ist etwas, das junge Menschen brauchen, aber auch gelernt werden muss. Und es liegt an Lehrern und Führungskräften, diese Fähigkeiten entsprechend beizubringen.«*

***Felix:** »Wie bringst du jungen Menschen Regeln bei, wie erreichst du, dass sie deinen Anweisungen folgen?«*

***Stephan:** »Wir haben früher noch gelernt, wenn der gehobene Zeigefinger kommt, dann müssen wir folgen. Und wenn wir das heute machen, dann lachen die Jungen uns aus. Nur mit Druck, Strafarbeiten, Abmahnungen erreichen wir nicht das, was wir wollen. Wenn ein junger Mensch etwas falsch macht oder ignoriert, ist klar, dass er etwas noch nicht kann. Spiele ich dann noch Polizist, dann schaffe ich eine immer noch größere Distanz. Wir müssen die Ursache finden. Wir müssen herausfinden, warum der Schüler zum Beispiel nicht pünktlich war. Die Veränderung von bestrafen zu unterstützen und Hilfe anbieten, um gemeinsam an der Entwicklung des Schülers zu arbeiten. Die Ursache in dieser Veränderung liegt meiner Ansicht nach im Erziehungsstil, der sich in den letzten Jahren gewandelt hat. Sogenannte Helikoptereltern kauen alles vor und nehmen ihren Kindern jegliche Entscheidung ab. Wir müssen deshalb mehr zusammen mit den Schülern kleine Schritte gehen, um eine Entwicklung in die richtige Richtung anzusteuern. Wir arbeiten heute also mehr an der Entwicklung von Fähigkeiten, statt Defizite nur zu bestrafen.«*

Arianna: *»Eine dieser Fähigkeiten, die von Führungskräften oft bemängelt werden, ist die Art der Kommunikation. Wir hören in unserer Arbeit immer wieder, dass die jüngeren Mitarbeiter nur am Smartphone hängen und überhaupt nicht bereit sind, ordentlich mit der Führungskraft zu kommunizieren. Aber auch das ist eine Fähigkeit, die heutzutage nicht einfach vorausgesetzt werden sollte, sondern gemeinsam entwickelt werden darf. Das ist manchmal ein längerer Prozess und passiert nicht von heute auf morgen.«*

Felix: *»Da sind wir schon bei der nächsten Frage, die an deine Antwort, Arianna anschließt. Stephan, wie gut kennt die Generation Z noch die Knigge-Regeln?«*

Stephan: *»Die haben sich total verändert. Die Gen Z versteht oft nicht, wieso wir Regeln vorgeben, ohne den Sinn zu erklären. Es hilft deswegen, solche Regeln mit Schülern gemeinsam zu erarbeiten, um eine gewisse Verbundenheit zu erreichen. Und trotzdem muss ich dabei nicht die Führung aus der Hand geben. Ich setze einen gewissen Rahmen, innerhalb dessen wir gemeinsam arbeiten. Mich erstaunt regelmäßig, wie verantwortlich dann meine Schüler mit dem Ergebnis unserer Arbeit umgehen.«*

Arianna: *»Wenn ich das ergänzen darf: Es sind immer zwei Dinge ganz wichtig. Respekt und Mitsprache. Es ist wichtig, junge Menschen in einem Prozess mitzunehmen. Dann entstehen auch eine ganz andere Bindung und ein anderes Commitment. Dann haben sie automatisch eine andere Haltung und halten sich an Regeln, weil wir sie gemeinsam mit ihnen erarbeitet haben.«*

Felix: *»Wie siehst du, Stephan, den klassischen Frontalunterricht in der heutigen Zeit, wo jeder seinen persönlichen Assistenten in der Hosentasche hat? Ist die Zeit von langen Vorträgen des Lehrers vorbei?«*

Stephan: *»Die Zeit des klassischen Frontalunterrichts ist definitiv vorbei. Moderner Unterricht ist interaktiv und besteht aus Projekten, die leider oft in Schulen noch fehlen. Es ist wichtig, dass Schüler Fortschritte der Entwicklung* *sehen, die in einer Gruppendynamik und dem gemeinsamen Erarbeiten von etwas sehr gut sichtbar werden. Eine vorgegebene Aufgabe in Einzelarbeit zu erledigen, dem Lehrer abzugeben und dann eine Note dafür zu bekommen, ist nicht der richtige Ansatz.«*

In einem Gespräch mit einer jungen Studentin für Lehramt in Ludwigsburg, die bereits erste Praxiseinsätze in Schulen hatte, habe ich ebenfalls etwas Spannendes erfahren, das sich für mich wie ein Puzzle-Stück in das Thema Führung und mögliche Konflikte zwischen verschiedenen Generationen einfügt. Sie sagt: »Ich bin froh, dass der Altersunterschied zwischen mir und meinen Schülern nicht allzu groß ist. Ich verstehe die älteren Kollegen, die zunehmend Probleme mit der jungen Generation haben. Erziehung hat sich in den letzten Jahren so stark gewandelt, dass die Distanz zwischen jungen und älteren Menschen extrem groß geworden ist. Lehrer über fünfunddreißig oder vierzig Jahren schaffen es kaum noch, eine gewisse Nähe zur Generation Z und Alpha aufzubauen. Sie schaffen es nicht, mit einer gewissen Lockerheit an Schüler heranzutreten, einer von ihnen zu sein und trotzdem klare Grenzen aufzuzeigen. Dieser Spagat ist nicht einfach, aber oft der einzige Weg, um Schule erfolgreich zu gestalten.«

Gesellschaftlicher Wohlstand

Sechsundzwanzig Prozent der deutschen Bevölkerung leben im Wohlstand, rund vierzig Prozent in der sozialen Mitte. Das zeigt Statista 2023. Von Wohlstand spricht man übrigens dann, wenn man wirtschaftlich abgesichert ist oder sogar überdurchschnittlich ausgestattet ist. Das Bruttoinlandsprodukt steigt – mit wenigen Ausnahmen – seit Jahrzehnten stetig.

Eine gute Erziehung ist zwar unabhängig von finanziellen Möglichkeiten. Kinder spielen jedoch das Leben der Erwachsenen nach – und damit einen immer höheren Wohlstand. Dabei ist ihnen selbstverständlich in der Phase des Erwachsenwerdens nicht vollständig klar, dass der Wohlstand, den sie vorfinden, hart von den Vorgängergenerationen erarbeitet wurde. Wir Erwachsenen rügen dieses Verhalten, statt einmal darüber nachzudenken, ob wir an der Stelle der jungen Generation nicht ebenso denken würden. Es sind auch an dieser Stelle wieder die Gesellschaft, die Schule, Medien und Eltern, die ein entsprechendes Bild vermitteln, was Kinder ungefiltert aufsaugen. Wer als Zehnjähriger ein iPhone für tausend Euro zu Ostern bekommt, erwartet zu Weihnachten mindestens ein komplett neu eingerichtetes Kinderzimmer mit Hochbett und Rutsche.

Die wachsende Kaufkraft führt zu einer größeren Bedeutung des Kaufens. Durch ein höheres Taschengeld, das Eltern ihren Kindern geben, werden diese bereits in jungen Jahren zu Konsumenten, ohne dass sie dafür eine Gegenleistung erbringen müssten. Der deutsche Kinderschutzbund kritisierte schon 2012, dass Kinder mit durchschnittlich dreißig Euro pro Monat Taschengeld bei den Sechs- bis Dreizehnjährigen so viel Taschengeld zur Verfügung hätten wie nie zuvor. Der Kauf von Spielzeug ohne Anlass führt weiterhin zu einem veränderten Mindset bei Kindern. Es scheint alles mit wenig oder gar keinem Aufwand verfügbar zu sein. Eine Sensibilisierung seitens der Eltern für die Wertigkeit von Produkten und Nachhaltigkeit fehlt teilweise. Das Umfeld in der Schule und der eigene Freundeskreis setzen dabei Kinder oft zusätzlich unter Druck. Wer kein iPhone besitzt, ist dann eben ein Grinch (was so viel wie peinlich bedeutet).

Wir dürfen dabei aber nicht vergessen, dass wir zwar von der Mehrheit der Eltern sprechen, aber trotzdem jedes fünfte Kind in Deutschland an der Armutsgrenze lebt. Es muss also, wie bei den meisten Themen, unterschieden werden, mit welchem Mitarbeiter wir es im Unternehmen zu tun haben.

2.2 Äußere Einflüsse – Grundpfeiler A des EAB-Modells

Den zweiten Grundpfeiler zum Verstehen von jungen Menschen bilden die äußeren Einflüssen, wobei ich mit äußeren Einflüssen Faktoren meine, die außerhalb von Familie und Schule zu suchen sind. Gemeint sind gesellschaftliche, politische, wirtschaftliche und Umweltentwicklungen, die Einfluss auf unser Denken und Leben haben. Die Liste der weltweiten Ereignisse, die uns Menschen beschäftigen, wird immer länger. Krisen, Kriege und Klimawandel. Für immer mehr Menschen sind die beobachtbaren Entwicklungen besorgniserregend oder sogar beängstigend. Das gilt unabhängig davon, ob bestimmte Entwicklungen uns tatsächlich individuell betreffen oder nicht. Relevant für die Psyche ist auch, was wir über Medien und im Austausch miteinander aufnehmen. Zusammengefasst befindet sich die Welt heute offenbar im Umbruch. Und die jungen Menschen der Generation Z sind mittendrin.

Welche äußeren Einflüsse, also Themen, sind es, die die Generation Z beschäftigen? Es sind ausgehend von zahlreichen Untersuchungen und Befragungen folgende Themen:

- Klimawandel, Umweltschutz, Nachhaltigkeit;
- Gesundheitspandemien, insbesondere die Corona-Pandemie;
- künstliche Intelligenz und zukunftssichere Jobs;
- Inflation und Entwertung des Geldes;
- Ukraine-Krieg;
- Rentensystem durch geburtenschwache Jahrgänge ganzer Generationen;
- fehlender Zusammenhalt in der Gesellschaft.

Wenn man diese Liste der Kriege, Pandemien, der wirtschaftlichen und sozialen Herausforderungen sieht, kann man sich schon fragen: Muss die Generation Z in Zukunft die ganze Welt retten? Kein Wunder, wenn junge Menschen beim Gedanken an die Zukunft Angst bekommen. Wie soll diese

Menge an Problemen gelöst werden und wer soll das alles schaffen? Und welche neuen Herausforderungen kommen in den nächsten Jahren noch hinzu, die wir aktuell noch gar nicht im Blick haben?

Wenn wir die Ängste und Sorgen in eine Reihenfolge der Relevanz für eine junge Generation bringen möchten, wird vermutlich die Klimakrise an erster Stelle stehen. Nicht erst seit der Fridays-for-Future-Bewegung bekommen junge Menschen mit, wie es um die Umwelt steht. Sie wissen auch, dass eine Rettung des Planeten nicht nur von ihnen ausgehen kann. Viele sehen ältere Generationen und die Politik in der Pflicht, die ihnen nicht genügend Antworten auf ihre Fragen liefern. Der Generationen-Clash hat sich allein durch dieses Thema verstärkt. Junge geben Älteren die Verantwortung für die Klimakrise und Ältere nehmen die Jungen offensichtlich nicht ernst genug. Laut einer Umfrage des Jugendforschers Simon Schnetzer und des Sozialwissenschaftlers Klaus Hurrelmann beschäftigt sechsundfünfzig Prozent der jungen Menschen die Klimakrise. Unternehmen, die diese Sorge junger Menschen aufgreifen und eigene Projekte daraus gestalten, sind für die Generation Z sehr attraktiv. Im Detail gehe ich an anderer Stelle dieses Buches genauer darauf ein.

Sogar 68 Prozent haben Angst vor einem zukünftigen Krieg und dessen Auswirkungen, die beim Ukraine-Konflikt schon jetzt für uns spürbar sind.

Auch die Folgen der Gesundheitspandemie sind nach wie vor spürbar, denn viele Kinder und Jugendliche leiden auch mehr als ein Jahr nach Corona noch immer unter psychischen Folgen. Arbeitgeber sollten deshalb besonders mit jungen Menschen das Gespräch suchen und offen darüber sprechen, wie sie gegebenenfalls Jugendliche oder junge Erwachsene unterstützen können.

Was sich am Arbeitsmarkt derzeit in vielerlei Hinsicht widerspiegelt, ist das Thema künstliche Intelligenz und Arbeitsplatzsicherheit. Denn zum einen wollen junge Menschen einen möglichst zukunftssicheren Beruf ausüben, der nicht von künstlicher Intelligenz oder Robotern wegrationalisiert wird. Zum anderen suchen sie sich auch einen Arbeitgeber, der berufliche Perspektiven anbietet. Für Arbeitgeber heißt es also, die Kommunikation zu überdenken und Perspektiven gegenüber der Generation Z so früh wie möglich anzusprechen.

Das Positive zum Schluss: Trotz aller Sorgen und Ängste bleibt die Generation Z insgesamt optimistisch und glaubt, dass in den nächsten Jahren viele Probleme gelöst oder zumindest Lösungsvorschläge gefunden werden.

Nachhaltigkeitsgedanke nur vorgespielt?

Wie steht es um die Nachhaltigkeit und den Umweltschutz, den die Generation Z so deutlich fordert? Was verstehen junge Menschen heute überhaupt unter dem Begriff Nachhaltigkeit? Wie viel Nachhaltigkeit wird gefordert und wie viel davon gelebt?

Ich möchte dieses Thema genauer anschauen, denn es ist eines der wichtigsten äußeren Einflüsse auf die Generation Z seit vielen Jahren. Mit Nachhaltigkeit verbinden die meisten jungen Erwachsenen nach einer Befragung des rheingold Institut im Auftrag von Union Investment 2022:

- Klima- und Umweltschutz (vierundsiebzig Prozent),
- schonender Umgang mit Ressourcen (siebzig Prozent),
- Müllvermeidung und Recycling (siebenundsechzig Prozent),
- langfristiges Kreislaufdenken (sechsundfünfzig Prozent),
- Tierwohl (fünfzig Prozent).

Schon länger ist klar, dass wir mit unserem Planeten nicht weiterhin so umgehen können, wie wir es bislang taten. Klima- und Umweltschutz ist der Generation Z wichtig, denn natürliche Ressourcen werden schneller abgebaut, als neue entstehen können. Bevor die Hälfte des Jahres vorbei ist, hat auch Deutschland bereits alle natürlichen Ressourcen aufgebraucht, die in einem Jahr neu gebildet werden können. Wir leben aus dieser Perspektive betrachtet seit vielen Jahren über dem Limit. Doch es muss auch gesehen werden, dass bereits bei der Generation Y das Thema Nachhaltigkeit als wichtig angesehen wurde, wirklich ernst scheinen es aber nur wenige zu nehmen. Wie sieht es da mit den Z-lern aus? Setzen sie sich tatsächlich mehr als ihre Vorgänger für Klimawandel und Nachhaltigkeit ein? Oder ist das alles nur Schein?

Mit der Bewegung rund um Greta Thunberg, die selbst zur Generation Z gehört, setzte sich 2018 eine Bewegung in Kraft, die uns auch heute noch sehr präsent ist und sich »Fridays for Future«, also »Freitage für die Zukunft«, nannte. Die alternative Bezeichnung »Schulstreik für das Klima« beschreibt noch direkter, um was es dabei ging. Schüler und Studierende aus der ganzen Welt nahmen an den Freitagsdemonstrationen teil, um sich dafür einzusetzen, besonders schnelle und effiziente Maßnahmen zum Klimaschutz umzusetzen, ausgehend vom 1,5-Grad-Ziel der Weltklimakonferenz in Paris 2015. Die Bewegung startete mit der Initiatorin in Schweden und wurde weltweit aufgegriffen. In kurzer Zeit versammelten sich an einem Tag bis zu 1,8 Millionen junge Menschen auf den Straßen, um für eine wirksame Klimapolitik zu demonstrieren, allein in Berlin demonstrierten so beim »Global Klimastreik« am 15. März 2019 fünfundzwanzigtausend Menschen. Ich finde diese Zahl beeindruckend, da sie auch zeigt, wie Z-ler digitale Medien global nutzen, um sich millionenfach zu organisieren. Es bildeten sich Hunderte sogenannte Ortsgruppen in Deutschland und diese organisierten jährliche Delegiertenkonferenzen. Abstimmungen erfolgen per Videokonferenz, Kommunikation per Messenger-Dienste und über Facebook, Instagram und andere soziale Netzwerke. Es wird deutlich: Die Generation Z ist durchaus motiviert, wenn sie für ein Thema brennt. Und ich brauche nicht zu erwähnen, dass es sicher auch hierbei Schüler gab, die einfach lieber schulfrei hatten, als sich für das Klima zu interessieren. Aber sind wir doch bitte ganz ehrlich: Das gab es in vorhergehenden Generationen auch. Die Friedensbewegung und die Anti-Atomkraft-Bewegung sind ganz ähnliche Phänomene, nur eben bei den Älteren. Neu bei »Fridays for Future« ist die breite gesellschaftliche Akzeptanz, denn es bildeten sich auch weltweit

Unterstützungsorganisationen wie »Parents for Future« oder sogar »Grandparents for Future«. Selbst Lehrer traten auf Demonstrationen auf. Selbst die Dienstleistungsgesellschaft ver.di solidarisierte sich mit der Fridays-for-Future-Bewegung in Deutschland, um eine Verkehrswende zu fordern.

Mit Disziplin und Durchhaltevermögen setzen sich somit viele Tausende junge und inzwischen auch viele ältere Menschen für schnelle Klimaschutzmaßnahmen ein. Im Gegensatz dazu steht ein allgemeines Desinteresse am Politikgeschehen bei Y-lern als auch bei Z-lern. Eine Erklärung liefern einige Politiker. Sie ignorieren, dass sie durch den fehlenden TV- und Radio-Konsum der Generation Z gar nicht mehr wahrgenommen werden, und es fällt vielen Politikern schwer, zu benennen, welche der für die Generation Z wichtigen Themen aus der Politik sich in den letzten Jahren in Deutschland verbessert hätten. So kritisiert die Friday-for-Future-Bewegung nach wie vor, dass es in Deutschland bisher keine einzige Partei gebe, deren Programm ausreiche, den Klimawandel zu stoppen.

Eine interessante Zahl, die das Institut für Protest- und Bewegungsforschung 2019 nach Untersuchungen veröffentlicht (Sommer et al. 2019: 31 f.), möchte ich Ihnen außerdem nicht vorenthalten und einen Erklärungsansatz dazu geben. Mehr als vierundneunzig Prozent der Demonstranten sind Gymnasiasten, die restlichen gehen auf Real-, Haupt- und Mittelschulen. Das bestätigt meine Wahrnehmung der bedingt differenzierten Wünsche Jugendlicher unterschiedlicher Schulformen.

Die im Jahr 2021 bekannt gewordenen Klimakleber der Bewegung »Letzte Generation« haben mit den Fridays-for-Future-Demonstrationen zunächst nichts zu tun. Sie sind in den Medien in die Kritik geraten, weil sie nicht wie Fridays-for-Future demonstrieren, sondern auf zivilen Ungehorsam setzen. Sie legen Flughäfen und Innenstädte lahm, indem sie sich auf die Straße kleben. Hieran nehmen wohl kaum Schüler teil, sondern eher ältere Aktivisten wie zum Beispiel der Kopf der Organisation, der zweiunddreißigjährige Ingo Blechschmidt aus Augsburg. Leider wird in der Bevölkerung oft nicht differenziert, dass es sich bei den Klimaklebern erstens lediglich um ein paar Tausend Menschen in Deutschland und Österreich handelt und diese nicht dieselben sind, die bei Fridays-for-Future friedlich demonstrieren.

Wenn wir darüber sprechen, wie viel der geforderten Nachhaltigkeit nicht nur gefordert, sondern auch gelebt wird, gehen die Meinungen auseinander. Junge Menschen nehmen nachhaltige Angebote im Konsumgütermarkt gerne an, allerdings nur, wenn sie vorhanden und bezahlbar sind und auch nicht bestimmte Statussymbole betreffen. Was meine ich damit?

Nachhaltige Produkte müssen vorhanden sein. Es gibt immer mehr regionales Gemüse und Obst in den Supermärkten, das nicht nur von der Generation Z, sondern auch von Y-lern und anderen Generationen gerne gekauft wird. Wir wissen alle – und das kam die letzten Jahre durch Schlagzeilen wie Genmanipulation und Giftstoffe in Düngemitteln einmal mehr ans Tageslicht –, dass unser Essen teilweise schwer belastet ist. Aber nicht nur unserem Körper, sondern auch dem Boden, in dem es angebaut wurde, schaden wir langfristig. Hinzu kommt die Verpestung der Umwelt durch den Transport aus fernen Ländern. Müssen wir Erdbeeren und Kartoffeln wirklich aus Ägypten und Marokko importieren?

Auch aus meiner Sicht darf in Bezug auf die Erhaltung der Umwelt hier noch viel passieren. Dass in Deutschland jeder Haushalt pro Jahr achtundsiebzig Kilogramm an Lebensmitteln wegwirft, ist eine erschreckende Zahl, die es zu reduzieren gilt. Insbesondere dann, wenn circa vierundfünfzig Prozent aller Lebensmittelabfälle als vermeidbar gelten. Auch hier kommen wieder junge Menschen ins Spiel. Die der Y-Generation entstammenden Raphael Fellmer und Martin Schott wurden durch den Film »Taste the Waste« von Valentin Thurn über Lebensmittelverschwendung inspiriert, gegen diese Problematik vorzugehen, und begannen Lebensmittel von verschiedenen Supermärkten in Berlin zu retten. Während parallel in Köln eine Kampagne namens »Foodsharing« ins Leben gerufen wird, gründeten 2012 die beiden Freunde den Verein »Foodsharing e. V.«, dessen Ziel es ist, Lebensmittel zu teilen, statt in die Tonne zu werfen. Die Biomarktkette »Bio Company« ist der erste Partner. Kurze Zeit später gibt es in Berlin bereits über einhundert Lebensmittelretter, die über klassische Medien und Social Media auf Foodsharing aufmerksam wurden. Der ehrenamtlich geführte Verein wird ein Riesenerfolg und kann bereits zwei Jahre nach Gründung eine halbe Million Kilogramm Lebensmittel vor der Vernichtung retten.

Wenn wir über Konsumgüter sprechen, sieht das leider aber schon anders aus. Beispielsweise können Smartphones nur bedingt nachhaltig produziert werden. Allerdings könnte jeder, der ein neues Smartphone kauft, sein altes intaktes Gerät weiterverkaufen oder ein defektes Gerät an Sammelstellen abgeben. Das Problem besteht nur darin, dass ältere Generationen oft nicht wissen, wie sie ihre Daten auf ihr neues kopieren oder löschen, und jüngere Generationen ihr Smartphone als Statussymbol und Andenken sehen und nicht verkaufen wollen. Und dass es für defekte Geräte Sammelstellen gibt, ist den meisten ohnehin unbekannt. Die Problematik der Nachhaltigkeit beginnt also oft an Punkten, über die wir nicht nachdenken. Aber ist die Generation Z nun nachhaltig genug im Vergleich zu dem, was sie fordert? Bedingt, denn es gibt eine weitere wichtige Frage.

Was kostet Nachhaltigkeit und wer kann sich das leisten?

Junge Erwachsene haben oft wenig Geld. Sich dann nur Biolebensmittel zu kaufen, ist aus finanziellen Gründen gar nicht allen möglich. Auch nachhaltig produzierte Kleidung ist oft teuer und meistens auch nicht von den Marken vertreten, die der Durchschnittsjugendliche als stylish, modern und cool bezeichnen würde. Und damit wären wir beim dritten Punkt.

Nachhaltigkeit ja, aber nicht bei allem

Statussymbole sind längst nicht mehr dicke Autos oder große Häuser. Für junge Menschen sind die Statussymbole ein iPhone oder Markenklamotten. Das, was Influencer eben auch kaufen. Passt da Nachhaltigkeit zu der Tatsache, dass man mit einem zwei Jahre alten iPhone eben einfach out ist? Nicht ganz – und deswegen ignoriert die Generation Z bei manchen Produkten den Umweltaspekt. Inkonsequenz ist eben auch eine menschliche Eigenschaft. So wie bei Smartphones ist es auch bei Mode. Marken, die von Influencern gehypt werden, will die Generation Z gerne haben. Umweltaspekt hin oder her.

Laut einer Befragung des Beratungsunternehmens PWC (Krause 2021) unter Achtzehn- bis Fünfundzwanzigjährigen sieht die Generation Z die Verantwortung für nachhaltigen Konsum stärker bei der Regierung als bei sich selbst. Das passt zu den eigenen Erziehungserfahrungen. Wer in Kindertagen überbehütet ist, der erwartet auch einen großen Good Guy namens Regierung, der bitteschön alle Probleme löst.

2.3 Blackbox – Grundpfeiler B des EAB-Modells

Die Blackbox beschreibt gewisse Zustände in der Kommunikation mit jungen Menschen, deren Zusammenhang wir nicht erkennen. Sie ist der Grund dafür, dass wir manchmal meinen, eine andere Sprache zu sprechen, weil Gesagtes offenbar nicht bis ins Gehirn eines jungen Mitmenschen vordringt. Es ist sehr hilfreich, sich immer wieder bewusst zu machen, dass es in Bezug auf das Verstehen der Generation Z stets Momente gibt, die wir nicht ad hoc verstehen, erwarten oder zuordnen können. Rechne mit unerwarteten Reaktionen, rechne damit, dass deine Annahmen und Erwartungen nicht immer zutreffen.

Wir wissen beispielsweise, dass dem jungen Gegenüber etwas durch den Kopf ging, aber wir wissen nicht was. Deshalb befassen wir uns zunächst mit Dingen, die in der Generation-Z-Welt überhaupt nicht existent sind. Wir sprechen so möglicherweise über Gegenstände, Arbeitsmaterialien, Produkte oder Dienstleistungen, die sich für Z wie Dinge aus ferner Welt anhören.

Faxgeräte wären ein treffendes Beispiel. Sie wissen schon: dass sind diese Dinger, die piepsen, wenn man sie anruft. Völlig unverständlich, wieso man im Zeitalter der Digitalisierung ein Blatt Papier in ein Gerät steckt, um es dann in schlechter Qualität schwarz-weiß durch eine Telefonleitung zu schicken zu jemandem, der dieses Blatt dann ausdrucken muss, bevor er es lesen kann – falls man es nicht verkehrt herum ins Faxgerät gelegt hat. Nachhaltig und digital ist das nicht. Ich erwähne es aber an dieser Stelle, weil mir vor Kurzem ein Ausbilder berichtet hat, dass das Erste, was neue Azubis bei ihm lernen, das Bedienen eines Faxgerätes ist. Ein interessanter Einstieg in eine Arbeitswelt, die Perspektiven für die Zukunft bieten möchte.

Was wir uns bei den meisten Jugendlichen ebenfalls sparen können, sind so Sätze wie »Hast du in der Zeitung gelesen, was gestern passiert ist?«. »Welche Zeitung?«, könnte dann die Antwort lauten. Wer liest denn heute bitte noch Nachrichten auf einem riesigen Blatt Papier, bei dem die Druckerschwärze an den Fingern kleben bleibt?! Gerade einmal 8,7 Prozent der Zeitungsleser sind zwischen vierzehn und neunundzwanzig Jahre alt (Statista 2021, Zeitungsleser in Deutschland nach Altersgruppen im Vergleich mit der Bevölkerung im Jahr 2021). Da liegt offensichtlich ein Blackbox-Phänomen vor.

In der neunten Klasse eines Gymnasiums in Süddeutschland wird für die Schüler die regionale Tageszeitung täglich im Klassenzimmer ausgelegt mit der Bitte der Lehrer, diese zu lesen. Ich hatte die Möglichkeit, mit einer Schülerin zu sprechen und zu fragen, ob dass das Medium sei, dass Schüler freiwillig lesen würden – selbst wenn es umsonst ist? Sie können sich die Antwort denken. »Wir lesen die Überschriften und falls etwas interessant klingt, lesen wir vielleicht den Artikel«. Aha, so macht man das heute also. Da geben entsprechende Instagram-Kanäle in kürzerer Zeit schneller ein Update als eine Zeitung. Zum Beispiel »ZDFheute« auf Instagram mit immerhin 1,3 Millionen Followern.

Eine weitere Blackbox sind Radio und Fernsehen. Radio hören immerhin noch fünfzig Prozent der Jugendlichen zumindest mehrmals die Woche. Beim linearen Fernsehen sinken die Zahlen an jungen Zuschauern seit Jahren ebenfalls. Laut ARD und ZDF hat 2019 die tägliche Nutzungsdauer von Online-Videos das Fernsehen überholt. Sprechen Sie also mit jungen Menschen nicht über Medien, die sie nicht nutzen. Sofern sie keinen Monolog, sondern einen Dialog führen möchten.

Aber noch mehr hat sich verändert. So geht ein Teil der Generation Z in Großstädten nicht mehr unbedingt einkaufen, denn es gibt ja Lebensmittellieferdienste. Das Auto als Statussymbol wird ersetzt durch E-Scooter, und wer heute eine Information sucht, braucht dafür nicht im Lexikon nachzuschlagen, weil es Wikipedia gibt. Natürlich sind bestimmte Veränderungen auch bei Y, X und Babyboomer angekommen.

Womit sich Babyboomer allerdings immer wieder schwertun, sind die sogenannten Influencer. In einem Gespräch mit einem Unternehmenslenker fragte mich dieser, ob ich mit »Influencer« Grippe meinte. Vielleicht habe ich undeutlich gesprochen, denn Influenza hört sich zwar ähnlich an, ist aber was anderes. Ich erklärte ihm, dass das ähnlich wie Stars oder Idole zu definieren sei mit dem Unterschied, dass wir heute mit einem Blick auf Instagram mehr über unser Vorbild erfahren, als wir früher in mehreren Zeitschriften zusammen herausgefunden hätten. Das führt uns zum nächsten Aspekt und tieferen Einblick in die Blackbox. Wir Erwachsenen haben meistens keine Ahnung, was junge Menschen überhaupt vier bis sechs Stunden pro Tag an ihrem Smartphone machen? Ich habe Ihnen deshalb die wichtigsten zehn Prozent der Apps mitgebracht, die Sie kennen sollten. Und das sind folgende:

- Instagram
- Snapchat
- TikTok
- WhatsApp
- YouTube
- Spotify
- Google
- Netflix
- Twitter
- Pinterest
- Tinder
- Dropbox
- WeTransfer
- Facebook
- Jobsharing
- Social-Sharing
- Car-Sharing
- We-Sharing
- Bike-Sharing
- Scooter-Sharing
- Leben-Sharing

Gut, die letzte ist keine wirkliche App, aber offensichtlich teilt die Generation nicht nur Storys und Reels, sondern einfach alles. »Sharing ist Caring« oder: teilen heißt, sich um jemand anderen oder sich selbst zu kümmern.

Teilen macht Freude. Junge Menschen teilen, was sie gerade tun, sie teilen ihren Standort und manche noch ihren Freund (und wissen das oft nicht mal). Heidi Klum würde sagen: Die Generation Z hat einfach eine andere Attitude (also eine andere Einstellung).

Der letzte relevante Punkt zur Blackbox ist übrigens etwas, das uns alle für unsere Außenwelt in unserer Jugend und im jungen Erwachsenenalter abgeschirmt hat. Es ist die Pubertät.

Die Pubertät beginnt zwischen dem achten und neunten Lebensjahr und endet mit der Adoleszenz – manche nennen sie auch Endphase – ungefähr mit dem 22. Lebensjahr. In dieser Zeit ist vieles anders. Die Aufmerksamkeitsspanne Heranwachsender wird zum Beispiel kurzfristig wesentlich kürzer. Sie liegt dann bei nur etwa acht Sekunden. Das ist eine Sekunde kürzer als die Aufmerksamkeitsspanne eines Goldfisches. Das ist auch die Erklärung, warum Sie mit langen Monologen, Videos oder Texten bei Menschen, die in der Pubertät stecken, nicht weit kommen. Passiert in den ersten acht Sekunden eines Gesprächs, eines Videos oder einer Lehrermaßnahme nicht irgendetwas, das Aufmerksamkeit erzeugt, schalten Jugendliche ab.

Aufmerksamkeitsspanne sinkt kontinuierlich

Die Aufmerksamkeit lässt bei jungen Menschen immer mehr nach. Begeisterung ist nur noch schwer zu erzeugen. Viele Lehrer, Ausbilder und Führungskräfte klagen darüber, dass die jungen Leute nicht mehr bei der Sache bleiben, ständig abgelenkt sind und sich nicht konzentrieren können. Was können wir dagegen tun?
Viele Faktoren haben einen Einfluss auf die Entwicklung unserer Kinder, Jugendlichen und jungen Erwachsenen. Einige neue Errungenschaften des einundzwanzigsten Jahrhunderts sind für die Entwicklung förderlich, andere verursachen mehr Probleme, als sie einen Nutzen bringen. Die wichtigsten drei Faktoren sind:

Faktor eins: die Ernährung

Die Welt wird schnelllebiger und inzwischen ist auch in der letzten Provinz ein McDonalds oder ein anderes Schnellrestaurant zu finden. Die Nahrungsmittel haben immer weniger Nährstoffe und die allermeisten Produkte, die wir im Supermarkt kaufen können, beinhalten jede Menge Zucker. Als ich selbst meine Ernährung vor zwei Jahren umstellte, weil ich mich nicht mehr wohlfühlte, merkte ich, wie schwierig es geworden ist, sich gesund zu ernähren. Auf vieles musste ich verzichten, Einladungen musste ich absagen, nur weil ich auf drei Dinge eine Zeit lang in einem Selbstversuch verzichten wollte: Weizen, Zucker und Fleisch. Da fällt einem zunächst nur Salat ein an Lebensmitteln, die man noch essen könnte. Aber es ist weitaus mehr. Warum erzähle ich Ihnen das? Weil sich mein Wohlbefinden und meine Konzentrationsfähigkeit nur durch die Ernährung merklich verbesserten.

Faktor zwei: die Strahlung

Es ist noch nicht wissenschaftlich untersucht, was langfristig Strahlung bei jungen Menschen verursacht, die in einem Klassenzimmer mit dreißig Smartphones, WLAN und 5G sitzen. 2017 veröffentlichte die Johannes Gutenberg Universität in Mainz eine Studie, die feststellt, dass elektromagnetische Strahlen die elektrische Gehirnaktivität verändern, was unter anderem in Zusammenhang mit Konzentrationsstörungen stehen kann.

Faktor drei: Fernsehen und Medien
Die Generation Z schaut allerdings nur noch wenig Fernsehen. Bereits 2019 hat das Format »Online-Videos« das klassische Fernsehen überholt. Süchtig machen dafür jetzt in einem viel höheren Ausmaß soziale Medien wie TikTok oder Instagram. Die Plattformen sind mit Algorithmen ausgestattet, die möglichst genau jene Inhalte präsentieren, die uns gefallen. So verbringen wir dort immer mehr Zeit.

Weiterhin ist bei Jugendlichen jeder Generation das Gehirn wegen Baustelle nicht zugänglich, besonders bei Jungen sieht man dieses Phänomen des Öfteren. Alle Menschen werden in der Zeit der Pubertät kurzfristig dümmer. Das haben Wissenschaftler herausgefunden, da sich in dieser Zeit das Gehirn umformt und vom Volumen kurzfristig kleiner wird. Im Teenageralter werden mehr leitende Nervenfasern statt gräulicher Zellkörper und Synapsen gebildet. Das Gehirn räumt quasi auf.

Was hilft also im Umgang mit den jungen Menschen, die sich im Umbruch befinden? Am ehesten, sich an die eigene Zeit der Pubertät zu erinnern und sich das ein oder andere Mal in Geduld zu üben.

Das Zurückversetzen in die eigene Pubertät schafft hier gegenseitige Akzeptanz. Auch nach meinen Vorträgen schaffe ich es nicht immer, alle Zuhörer in einen Status des Verstehen-wollens zu bringen. Es bedarf einer gewissen Reflektion und Einsicht, dass sich viele Dinge in den letzten Jahrzehnten verändert haben, nur sehen wir diese Veränderungen meist gar nicht. Meine Vorträge sind deshalb immer auch eine kleine Reise zu dem Punkt, an dem wir alle einmal waren.

Wie das EAB-Modell Sie im Alltag unterstützen kann

Die wesentlichen Bausteine, die uns helfen, in die Köpfe einer jungen Generation zu schauen, haben Sie jetzt ausführlich kennengelernt. Sie sollen mit ihrer Definition und Erklärung dazu beitragen, ein gewisses Denkraster zu sein. Denn aus meiner Erfahrung fällt es vielen Menschen schwer, die Einzelphänomene in eine Struktur zu bekommen und den Überblick zu behalten. Auf was kommt es an, wie soll und kann ich auf verschiedene Situationen reagieren und warum handeln junge Menschen so, wie ich nicht handeln würde?! Es lebt sich leichter, wenn Sie die wichtigsten Antworten auf diese Fragen zukünftig sofort abrufbereit haben und entsprechend reagieren können.

3.
Sei doch kein Grinch – die Sprache der Jungen verstehen

Herkunft und Verbreitung der Jugendsprache

Haben Sie früher auch mal ferngeschimmelt oder napgeflixt? Oder haben Sie damit gewartet, bis sie tinderjährig waren? Hä? Sie mussten die zwei Fragen zweimal lesen und verstehen immer noch Bahnhof? Dann gehören Sie vermutlich nicht zur Generation Z. Denn das ist die Jugendsprache heutzutage. Diese Sprache wird einerseits gesprochen und andererseits in Abkürzungen auch schriftlich verwendet, wie zum Beispiel in WhatsApp. Wenn Sie also einem Z-ler eine Frage stellen und nur irgendwelche unverständlichen Wörter, die offenbar aus Abkürzungen bestehen, als Antwort bekommen, dann liegt das nicht an Tippfehlern oder einer falschen Autokorrektur, sondern daran, dass der Absender eine andere Sprache spricht als Sie. – Aber keine Sorge. In diesem Kapitel erfahren Sie alles darüber, was Sie wissen müssen.

Die Definition von Jugendsprache bezieht sich auf verschiedene sprachliche Muster von Jugendlichen unterschiedlichen Alters. Jugendsprache ist einem ständigen Wandel unterworfen und geht meist mit Übertreibungen, Humor und Wortverschmelzungen einher. Drei Aspekte wirken dabei ganz besonders auf die Generation Z:

- soziale Medien,
- Messenger-Dienste,
- Globalisierung.

Die Welt wird »social« und brennt sich förmlich in die Kommunikation junger Menschen ein. Jugendsprache gab es schon immer, aber seit der Smartphone-Revolution und den sozialen Medien hat die Entwicklung neuer Wörter rasant Fahrt aufgenommen. Jugendsprache finden im gesprochenen Wort, selten auch schriftlich, wie beispielsweise in der Werbung. Und sie gab es immer schon. Egal ob Sie aus der Generation Babyboomer, X oder Y sind. Jede Generation hat in der Jugend ihre speziellen Ausdrücke. Durch den enormen Einfluss der digitalen Medien, der englischen Sprache und der neuen Technologien hat diese Entwicklung aber spätestens seit der Generation Z ein neues Niveau erreicht. Bis 2007 gab es noch nicht mal ein iPhone, kaum brauchbare Apps und Handys mit kleinem Bildschirm und Tastatur. Bis dahin war der Einfluss auf die sprachlichen Neuschöpfungen der Jugendlichen ausschließlich durch das Fernsehen, das Radio und wenige andere Quellen wie die eigene Kreativität oder als Variationen aus verschiedenen Dialekten erfolgt.

Inzwischen ist die Welt vernetzt und Kinder sind mehrere Stunden am Tag mit dem Smartphone online. Der Durchschnitt liegt bei über drei Stunden, und zwar jeden Tag. Einflüsse aus aller Welt erreichen uns mit nur einem Klick. Trends sind mit dem bloßen Öffnen einer App sofort abrufbar. Idole und Vorbilder sagen uns, was in ist.

Ausgehend von einer Art Sprachfaulheit finden wir Unterhaltungen unter Jugendlichen, bei denen diverse Artikel und andere Satzelemente fehlen. Mit »Opfer, Fenster!« ist dann gemeint »Mach das Fenster zu, du ...«. Wie auch immer Sie das jetzt übersetzen mögen, es ist sicher eine der weniger wertschätzenden Unterhaltungsformen und je nach Ausprägung auch abhängig vom Bildungsstand und sozialen Hintergrund.

So hört sich die Unterhaltung junger Menschen in Ballungsgebieten einer Großstadt (die auch offline komplett andere Einflüsse genießt) anders an als in einem Dorf im Schwarzwald.

Jugendliche experimentieren gerne mit Sprache und nutzen sie kreativ. Um Gefühlslagen auszudrücken, nutzen sie besonders häufig Wörter, die sie von der Sprache ihrer Eltern abgrenzen und unterscheiden. Denn es ist ihre Welt, und die ist cooler als die Welt von Mama und Papa. Da findet man etwas besser »abgespaced« als außergewöhnlich oder »chillig« als entspannt und der Lehrer wird »gedisst« statt nur gehänselt. Letzteres klingt auch einfach schon komisch, nicht wahr?

Sie sehen auch an diesen Beispielen: Die englische Sprache – übrigens häufig der Rap – hat inzwischen enorme Einflüsse auf die Jugendsprache genommen.

Ich möchte helfen, zukünftig besser zu verstehen, was Jugendliche und junge Erwachsene Ihnen gegenüber gerade sagen. Dann können Sie – bitte in ihrer Sprache – zumindest reagieren und mitreden. Sie werden dadurch nicht automatisch beliebter, gewinnen aber unter Umständen an Respekt und können ganz gelassen bleiben, wenn Sie mal wieder mit »Hey Babo« von ihrem Mitarbeiter angesprochen werden.

Haben Sie Lust auf ein kleines Spiel? Erraten Sie anhand der folgenden Sätze, welcher Generation die Jugendsprache zuzuordnen ist? Sie haben die Auswahl aus B, X, Y und Z. Die Auflösung finden Sie nach den vier Beispielen.

Unterhaltung eins
Letztens hab ich eine in der Disco aufgerissen. Die Mucke war aber auch echt gut. Da konnte man voll gut abhängen. Na ja, und wie ich da so hacke und voll breit war, fiel mir das auch leicht. Seitdem gehen wir miteinander.

Unterhaltung zwei
Hilfe. Ich bin lost. Du findest das stabil? Ich eher cray. Fernschimmeln und Napflixen ist nichts für mich. Und das meine ich jetzt no front. Ich geb dir meinen Probs, ganz ehrlich. Du bist ein Ehrenmann, ja sogar ein Gönjamin. Aber du kannst es dir halt auch leisten. Nur bei deinem Freund find ich das echt cringe. Denkt er, er wär der Babo?

Unterhaltung drei
Lust, ein bisschen schwofen zu gehen? Mal wieder so ne richtig große Fete organisieren? Aber bitte ohne diese Gammler, die letztes Mal dabei waren. Die sind immer erst flippig, gehen dann steil und am Ende poofen sie. Das ist alles andere als bombastisch.

Unterhaltung vier
Ob ich das gut finde, was du machst? Mir ist das knorke, ich will einfach nur ne fette Zeit feiern, bisschen daddeln, hartzen und dann sagen: das war der beste Urlaub ever. LOL. YOLO – genieß dein Leben doch einfach. Und so n Fail gehört eben auch dazu. Aber egal was passiert. Du bleibst mein BF, HDGDL!

Hier kommt die Auflösung:
Unterhaltung eins = Generation X
Unterhaltung zwei = Generation Z
Unterhaltung drei = Generation B
Unterhaltung vier = Generation Y

Die Definition der einzelnen Begriffe finden Sie übrigens im digitalen Zusatzangebot zum Buch.

Typische Jugendwörter der Generation Z

Aber wenn wir über die Generation Z sprechen, tue ich mich fast schon schwer, aus einer fast unendlichen Zahl von Begriffen die relevantesten rauszusuchen. Wir fangen deshalb mit zwei Wörtern an, die mir in einem Gespräch mit einem Achtzehnjährigen begegneten:

#Tinderjährig und #Rückholbutton
Ich fragte diesen jungen Mann, wie er denn seine Freundin kennenlernte und er antwortete: »Die letzte habe ich über den Rückholbutton kennengelernt. In Prinzip ganz einfach, seit ich tinderjährig bin.« Bereits nach diesen zwei Sätzen musste ich nachfragen, weil ich inhaltlich nicht mehr folgen konnte, und bekam auch eine Antwort. Tinderjährig bedeutet nämlich nichts anderes als »alt genug für Tinder«. Und der Rückholbutton dient (Premiumnutzern) dazu, zu schnell nach links gewischte Frauen beziehungsweise Männer mit einem Klick wieder zurückzuholen, um sie dann gegebenenfalls doch noch nach rechts zu wischen – ihnen also ein »Like« zu geben. Denn es kann ja mal passieren, dass man in der Eile erst auf den zweiten Blick jemanden attraktiv findet, aber der Finger schneller war.

»Interessant«, dachte ich. Früher ist man auf Tanzabende gegangen, heute braucht man nur noch den Rückholbutton zu drücken. Die Welt schein so einfach geworden zu sein, ohne dass ich das mitbekommen hätte.

Zwei Wörter haben Sie jetzt also schon mal gelernt. Prägende Wörter – auch wenn inzwischen andere Apps wie #bumble oder #Hinge gegenüber dem Marktführer #Tinder mit mehr als siebzig Millionen Nutzern rasant aufholen.

#Cringe

Ich sitze mit meiner fünfzehnjährigen Tochter und zwei ihrer Freundinnen im Auto, als ich sie vom Sport abhole. Sie unterhalten sich über Smartphones und ich schnappe den Satz auf: »Was, du hast kein iPhone? Man, bist du cringe?«

»Spannend«, denke ich. Da ich mich mit Jugendsprache schon länger beschäftige, wusste ich, was cringe bedeutet – nämlich so viel wie peinlich beziehungsweise dass man sich für etwas fremdschämt. Wenn Sie also auch kein iPhone haben, kann es schon sein, dass sie auch mal als cringe bezeichnet werden. Immerhin wissen Sie jetzt, was das bedeutet, und können dann entsprechend antworten mit »Bin ich Gönjamin, oder was?« – Und was das wiederum bedeutet, lesen sie nachfolgend:

#Gönjamin

Das ist jemand, der sich Luxus gönnt. Interessant ist auch bei diesem Wort, dass es sich durch Social Media stark verbreitet hat. Geschaffen hat es der deutsche Rapper Kollegah, der »Gönnen« und »Benjamin« zusammensetzte. Mit Benjamin ist die Figur Benjamin Blümchen gemeint, der sich etwas Gutes tut beziehungsweise etwas Teures gönnt. Gönjamin war eines der beliebtesten Jugendwörter des Jahres 2019.

#smash

Das beliebteste Jugendwort 2022 ist »smash«. Das Wort hat je nach Zusammenhang unterschiedliche Bedeutungen. Angelehnt an die Dating-App »Tinder« spielen Jugendliche oft »smash or pass«, wobei es darum geht, ob sie eine Person attraktiv finden oder nicht, also ein Like oder Dislike geben. Die ursprüngliche Übersetzung des englischen Wortes für »umhauen« beziehungsweise »zerstören« ist eher positiv gemeint. Zum Beispiel ist in der Musik ein »smash hit« ein Lied, das einen umhaut.

#bodenlos

Mit diesem Wort ist jemand oder etwas gemeint, das mies beziehungsweise unglaublich schlecht ist. In der direkten Bedeutung könnte man also sagen, es handelt sich um Dinge, die keinen »Boden« haben. Die Bedeutung des Wortes ist also in Zusammenhang mit etwas Negativem gemeint. Auch dieses Wort wurde hauptsächlich durch Social Media in Form von »Memes« (das sind animierte Bilder mit einem oder wenigen Wörtern) verbreitet.

#sus

Auch dieses sehr kurze Jugendwort ist in Deutschland weit verbreitet. Es wird dann verwendet, wenn einem etwas verdächtig oder suspekt erscheint. Das Wort stammt vom englischen Begriff »suspicious« oder »suspect« ab. Wenn Ihnen also zum Beispiel ein Z-ler über WhatsApp etwas wie »Das find ich sus« schreibt, dann wissen Sie jetzt, dass es sich bei den letzten drei Buchstaben nicht um einen Tippfehler handelt oder dem Jugendlichen vielleicht mitten im Satz das Handy runtergefallen ist, sondern dass diese drei Buchstaben ein ganzes Wort ergeben.

#Macher

Ein Wort, das Sie auch gut für Marketing-Zwecke verwenden können, ohne Gefahr zu laufen, sich mit Jugendsprache als Erwachsener zu schmücken. Das Wort »Macher« ist nämlich kein neu kreiertes Wort, sondern allen Generationen geläufig. Gemeint ist jemand, der Dinge umsetzt, ohne zu zögern. »Willst du ein Macher sein, dann komm zu uns ins Unternehmen« fällt mir dabei als mögliche passende Kampagne ein.

#fernschimmeln
Das Wort »fernschimmeln« bedeutet in der Jugendsprache, dass man nicht am gewohnten, sondern an einem fremden Platz chillt. Hoffentlich tut man das nicht zu lange, um dann nicht zu VER-schimmeln.

Es gibt noch natürlich noch viel mehr Generation-Z-typische Worte. Dazu lohnt der Blick in das Kurzglossar in der digitalen Playbox zum Buch.

> **Downloadtipp**
> Holen Sie sich das »Kurzglossar Jugendwörter der Generationen« und erweitern Sie damit Ihren Wortschatz. Es lohnt sich!

Über die Sinn- oder Unsinnhaftigkeit von Jugendsprache lässt sich allgemein streiten. Man könnte an dieser Stelle eine bildungspolitische Kontroverse führen. Ich denke man muss vor allem über zwei Dinge nachdenken. Zum einen, dass pubertierende Jugendliche in einer Phase sind, in der sie sich um jeden Preis von den anderen Generationen abheben möchten. Zum anderen werden wir auch an unterschiedlichen Schulen auf einen unterschiedlichen Umfang treffen. An Brennpunktschulen sicher mehr als an Eliteschulen.

4.
Social Media und was dabei mit der Gen Z passiert

Ich möchte in diesem Kapitel etwas genauer auf die für die Generation Z wichtigsten Social-Media-Dienste eingehen. Was wir darüber wissen sollten und wie Sie diese Dienste profitabel für sich, Ihr Unternehmen oder für die Gewinnung der jungen Generation nutzen können. Die Bedeutung von Social Media ist in den letzten Jahren gestiegen, was man auch an der Bildschirmzeit junger Menschen sieht. Die Postbank-Jugend-Digitalstudie 2022 fand in einer Umfrage unter Schülern heraus, dass die wöchentliche Bildschirmzeit auf fast siebzig Stunden pro Woche angestiegen ist. 2019 waren es noch sechzig Stunden pro Woche. Die meiste Zeit davon verwenden junge Menschen für soziale Medien.

> **Downloadtipp**
> Holen Sie sich die Übersicht mit Kurzusammenfassungen »Diese Studien zur Generation Z sollten Sie kennen« in der digitalen Playbox zum Buch.

Schauen wir uns dabei zunächst ganz allgemein an, welche Diskussionen über Instagram und Co stattfinden, und lassen dabei auch Vertreter der Generation Z mit ihrer Meinung zu Wort kommen.

---

4 | Generation vernetzt

Facebook WhatsApp SnapChat
YouTube Netflix
Generation Z
vernetZt
Spotify
Instagram Tinder TikTok

4.1 Was verstehen wir unter dem Begriff »Social Media«?

»Social Media« oder zu Deutsch »soziale Medien«, sind digitale Plattformen, auf denen sich Nutzer untereinander austauschen. Über diese Plattformen ist eine enorm schnelle Verbreitung von Wissen, Meinungen und Informationen möglich geworden. Der grundlegende Unterschied zu klassischen Medien ist, dass keine Redaktion, sondern jeder einzelne Nutzer auf diesen Plattformen Inhalte veröffentlichen, kommentieren oder verbreiten kann. Soziale Medien ersetzen somit mediale Monologe durch Interaktionen mit Bild, Text, Video oder Audio.

Sagt Ihnen »Classmates.com« oder »ICQ« noch etwas? Das waren um das Jahr 1995 die ersten sozialen Netzwerke. Sie entstanden in der Zeit, als ich selbst Jugendlicher war, und ich erinnere mich noch heute an diesen schrecklichen Benachrichtigungston im Chat von »ICQ«, wenn eine neue Nachricht ankam. Ich erinnere mich aber auch, wie ich damals schon teilweise stundenlang am Tag vor diesem Chatfenster verbrachte, um mich mit Freunden zu unterhalten, die ich genauso gut hätte anrufen oder persönlich treffen können. Die Generation Y ist also (teilweise) ebenfalls mit so etwas wie den heutigen sozialen Medien groß geworden. Wir Y-ler konnten diese Welt allerdings nur rudimentär nutzen, da weder die Technologie für entsprechende Server zum Verarbeiten großer Datenmengen noch die Internetleitungen dafür vorhanden waren. Tätigkeiten in sozialen Medien waren also stark auf Text bezogen, maximal ein Bild vielleicht noch. Viele Plattformen sind dann erschienen und konnten sich teilweise einige Jahre halten. In der heutigen Welt spielen allerdings die meisten Dienste wie StudiVZ und Co keine Rolle mehr. Facebook hat sie alle weggespült.

Dass die Anzahl der Nutzer von sozialen Netzwerken 2023 bei rund 4,76 Milliarden liegt, zeigt, welche Relevanz wir diesen Plattformen zuordnen sollten. Im Jahr 2023 relevante Plattformen sind:

- Facebook
- Instagram
- YouTube
- LinkedIn
- TikTok
- WhatsApp
- Snapchat
- Twitter
- Pinterest

Während Facebook zwar immer noch das meistgenutzte soziale Medium mit fast drei Milliarden Nutzern ist, spielt es für die Generation Z keine bedeutende Rolle mehr. Auf Facebook trifft sich eher eine andere Gruppe: die Eltern der Generation Z.

Machen Sie als Eltern aber nicht den Fehler und folgen Sie Ihren Kindern auf Instagram und TikTok, nur weil Sie wissen wollen, was die dort so treiben. Jugendliche wollen sich abgrenzen und ihre eigenen sozialen Räume haben. Wenn alle Eltern auf Tiktok ihren Nachwuchs bedrängen, werden sich die Kids andere digitale Treffpunkte suchen. Ich kann Sie aber auch beruhigen, wenn Sie trotzdem vorhaben, einen Account bei Instagram anzulegen und Ihrer Tochter oder Ihrem Sohn dort zu folgen. Sie beziehungsweise er wird sie vermutlich »stumm schalten«, was bedeutet, dass sie weder Storys noch Beiträge ihres Kindes sehen können. Tja, blöd sind sie ja nicht. Sie wollen einfach unter sich sein, so wie wir das damals auch wollten in der damaligen analogen Welt.

YouTube

YouTube kennt heute jeder. Die Plattform für Videos aller Art dient ganz klar als Unterhaltungsmedium. Die meisten Filmchen mit einem Anteil von circa zweiunddreißig Prozent stammen von YouTube-Stars (Influencern), gefolgt von Musikvideos. Zweiundachtzig Prozent der Z-ler nutzen YouTube und geben in der Postbank-Digital-Studie an, dass sie der Plattform mehr Vertrauen schenken als ihren Lehrern. Das ist mal ein Statement, das zum Nachdenken anregen sollte.

Ein gutes Beispiel für eine Influencerin in der Generation Z ist die erfolgreiche Videofilmerin Bibi. Mit ihrem Kanal »BibisBeautyPalace« kommt sie 2023 auf fast sechs Millionen Abonnenten.

Nicht zu unterschätzen ist YouTube mit seinen unzähligen Wissenskanälen. Ganz besonders bemerkenswert finde ich persönlich den Bildungskanal von Lehrerschmidt, der mit bürgerlichem Namen Kai Schmidt heißt. Er ist nur im Nebenberuf Webvideoproduzent; im Hauptberuf ist er als Schulleiter einer Oberschule tätig. Seine Erklärvideos zu unterschiedlichsten Themen sind so gut, dass er inzwischen 230 Millionen Aufrufe hat. Eine fast unvorstellbare Zahl, die zeigt, dass YouTube nicht nur Unterhaltungsmedium sein kann.

WhatsApp

Zum 2009 gegründeten Instant-Messaging-Dienst brauche ich nicht viel zu erzählen. Erwähnenswert ist, dass die Generation Z so sehr mit dieser App vertraut ist, dass sie sich auch mit Unternehmen gerne über diesen Dienst austauschen würde. Unternehmensaccounts machen nämlich genau das möglich. Und ich sehe diese Entwicklung bei jüngeren Geschäftsführern sehr deutlich. Selbst meine Autowerkstatt, geführt von einem jungen Mann aus der Generation Z, bietet ihren Kunden an, über WhatsApp Kontakt aufzunehmen und Termine zu vereinbaren. Ein Bekannter von mir, ein Unternehmer aus der Baubranche, kommuniziert mit seinen Lehrlingen über WhatsApp, weil es schneller und unkomplizierter ist, als altmodisch E-Mails zu schreiben oder Telefonate zu führen. Die nächste Generation wird WhatsApp auch nutzen wollen, um sich damit zu bewerben. Trotz datenschutzrechtlicher Bedenken mancher Unternehmen ist WhatsApp für mich persönlich fast schon Pflicht im Kommunikationsangebot als Unternehmen und Arbeitgeber.

Instagram und TikTok

Zwei weitere Apps, auf denen die Generation Z sich online tummelt, sind Instagram und TikTok. TikTok ist ein Videoportal wie YouTube, hat sich aber auf kurze Clips fokussiert und mit mehr als 1,5 Milliarden Nutzern so viel

Erfolg, dass inzwischen YouTube »Shorts« kopiert, um nicht an Attraktivität zu verlieren. Instagram bietet als soziales Netzwerk neben Videosharing auch das Teilen von Fotos an. Instagram hat weltweit zwei Milliarden Nutzer.

Instagram bietet zwar weniger Bearbeitungsmöglichkeiten von Videos als TikTok, ist aber gerade für Unternehmen interessanter, weil auch Bilder mit entsprechend ausführlicher Beschreibung erstellt werden können. Im Gegensatz zu TikTok können Videos bei Instagram auch länger als fünfzehn Sekunden sein, nämlich bis zu einer Minute in den sogenannten Stories (die sich nach vierundzwanzig Stunden wieder löschen) oder als sogenannte Reels sogar bis neunzig Sekunden.

Da Instagram der aktuell einfachere und meist effektivere Weg ist, Konsumenten, Bewerber und Mitarbeiter zu erreichen und zu gewinnen, möchte ich die wichtigsten Funktionen für Sie hier zusammenfassen:

Instagram im Überblick

- Die App ist auch für Anfänger übersichtlich gestaltet und nach dem Download ist ein Profil in wenigen Minuten angelegt.
- Zu Beginn können Sie über die Suchfunktion nach Kontakten oder auch Hashtags suchen und diesen folgen, um darüber automatisch Neuigkeiten angezeigt zu bekommen.
- Das Netzwerk nutzt ausschließlich die App für Android- und iOS-Geräte. Über den Browser können Sie Instagram nur sehr eingeschränkt nutzen.
- Sie können über die Story-Funktion Bilder und Videos bis zu einer Minute hochladen, die sich nach vierundzwanzig Stunden automatisch löschen. Dabei ist es möglich, die Inhalte mit kurzen Texten, Ortsmarkierungen, Markieren von anderen Nutzern, Musik und anderen Funktionen zu bereichern. Wichtig ist dabei, immer Hashtags zu setzen, also Begriffe zu hinterlegen, damit andere Nutzer, die Ihnen noch nicht folgen, aber den gleichen Begriff abonniert haben, Sie finden können. So gewinnen Sie neue Follower hinzu.

- Zur professionellen Nutzung der App brauchen Sie einen Regieplan mit regelmäßigen Posts von Videos und Bildern, denn Ihre Reichweite auf diesem Netzwerk hängt davon ab, wie regelmäßig Sie Inhalte veröffentlichen.
- Sollten Sie Ihre Inhalte ebenfalls bei Facebook posten wollen, können Sie beide Apps miteinander verknüpfen und vermeiden so doppelten Aufwand.
- Text- und Sprachnachrichten in der Funktion »Direct Message« sind ebenso wie bei WhatsApp möglich. Für Sie eröffnet sich dadurch auch die Möglichkeit, Fragen von Interessenten oder Kunden direkt und bequem über die App zu beantworten. Lediglich Ihren Posteingang müssen Sie regelmäßig überprüfen, denn Nachrichten von Nutzern, mit denen Sie bisher keinen Kontakt hatten, werden zunächst als »Anfrage« in einem gesonderten Reiter angezeigt.
- Ähnlich wie bei TikTok kann man mit sogenannten »Reels« viele kleine Clips zu einem dynamischen, mit Musik hinterlegten Video zusammensetzen. Die Funktion ist inzwischen sehr beliebt und es lohnt sich, sie einmal genauer zu betrachten bei der Erstellung Ihres Regieplans.
- Zuletzt sei noch erwähnt, dass auch live per Video gestreamt werden kann. Die Funktion wird zwar inzwischen seltener genutzt als noch vor ein paar Jahren bei deren Einführung, bietet jedoch eine erhöhte Aufmerksamkeit, da Follower in der Regel mit Push-up-Nachrichten informiert werden, wenn ein Livestream startet. Sie stechen somit aus der Masse heraus. Genutzt werden kann diese Funktion von Ihnen zum Beispiel dann, wenn Sie eine Q&A-Session zum Thema Bewerbung oder zu einem Produkt machen, bei der dann Interessenten oder Konsumenten Fragen stellen können, die Sie live beantworten. Zwei Azubis einer Sparkasse haben dies zum Beispiel vor Kurzem genutzt, um Schülern die Möglichkeit zu geben, alles zu fragen, was sie wissen wollen über die Ausbildung als Bankkauffrau beziehungsweise -mann. Eine gute Bewerbung und Ankündigung einige Tage vorab kann eine größere Gruppe von Zuschauern anlocken und schnell zu neuen

Mitarbeitern, Auszubildenden oder Kunden werden lassen. Die »Insta Live«-Funktion ist also ein Turbo für mehr Vertrauen und Transparenz als Marke und Arbeitgeber. Wer sie nicht nutzt, vergibt jede Menge Chancen, junge Menschen für sich zu gewinnen.

Bei allen genannten Funktionen möchte ich noch einmal betonen, dass der Erfolg in Social Media nur dann eintreten kann, wenn ein Kanal professionell und kontinuierlich aufgebaut wird. Das bedeutet: neue Beiträge einmal täglich, mindestens jedoch alle zwei Tage um die Reichweite zu erhöhen. Für junge Menschen ist nichts verdächtiger, als wenn sie einen verwaisten Kanal finden mit einem Post, der zwei Jahre alt ist. Es ist auch eine Überlegung wert, ob Sie eventuell mehrere Kanäle eröffnen, bevor Sie alles vermischen: Produkte, Ausbildung und Karriere. Auf einem Kanal kann das schnell unübersichtlich werden.

Kritik gibt es übrigens an beiden Apps. Bei TikTok ist jedoch der Suchtfaktor noch einmal um einiges höher, da die Plattform mit kurzen aneinandergereihten Videos die Aufmerksamkeit des Nutzers enorm bindet und dank Algorithmen möglichst genau die Videos ausspielt, die das Interesse des Nutzers wecken, möglichst nicht wegzuklicken oder die App zu schließen. Die Auswirkungen der extrem kurzen Videos spiegeln sich laut einiger Gespräche mit jungen Menschen auch darin wider, dass das Gehirn konditioniert wird, innerhalb kürzester Zeit einen Kick zu bekommen, wodurch sich die Aufmerksamkeitsspanne dramatisch verkürzt. Eine Schülerin sagte zu mir: »Das Problem bei TikTok ist, dass wir dann am nächsten Tag in der Schule sitzen und statt fünfzehn Sekunden plötzlich eine Schulstunde lang aufmerksam sein müssen. Wir merken, wie unser Gehirn bereits nach kürzester Zeit den vom Lehrer vermittelten Inhalt einfach weiterswipen will.

LinkedIn

LinkedIn ist ein Netzwerk für den Aufbau und die Pflege von Geschäftskontakten sowie zur Suche eines passenden Jobs. Mit neunhundertdreißig Millionen Nutzern ist es als geschäftliches soziales Medium eines der meist-

Kein Lehrer kann über fünfundvierzig oder neunzig Minuten einen Unterricht leisten, der unsere Aufmerksamkeit so bindet, wie TikTok es in derselben Zeit mit Hunderten von Videos macht.

genutzten. Für viele der Generation X und B fällt der Einstieg in eine aktive Social-Media-Nutzung über LinkedIn leichter.

Nur rund ein Viertel der LinkedIn-Nutzer wird zu der Generation Z gerechnet. Laut Statista 2022 haben dreizehn Prozent der Sechzehn- bis Neunzehnjährigen und fünfunddreißig Prozent der Zwanzig- bis Neunundzwanzigjährigen bei LinkedIn ein Konto. Sie erreichen also deutlich weniger junge Menschen auf diesem Netzwerk als in den anderen genannten.

Doch uninteressant in Bezug auf die Generation Z ist das Businessnetzwerk damit keineswegs. Denn junge Menschen wollen immer öfter auch Statements zu verschiedenen Themen von ihren Lieblingsmarken oder (zukünftigen) Arbeitgebern lesen, um einordnen zu können, ob die Unternehmen die gleichen Werte teilen. André Panné, der Geschäftsführer von RODIAS GmbH, ist aktiv auf LinkedIn. Er kümmert sich dort selbst um die Inhalte, während den Unternehmensaccount von RODIAS auf Instagram seine Mitarbeiter und Azubis betreuen. Diese Aufteilung ist pragmatisch und sinnvoll.

Welches soziale Medium ist nun das richtige?

Wenn Sie unabhängig von der Anzahl Ihrer Follower mit einem einzigen Video viele Aufrufe generieren wollen, könnte TikTok spannend für Sie sein, denn die Plattform bewertet Ihren Beitrag und weniger Ihren Account oder die Anzahl bisheriger Posts. Bei Instagram ist das deutlich schwieriger zu erreichen und benötigt etwas mehr Zeit. Dafür legen Sie ein Fundament und ein übersichtliches Profil auf einer Plattform, die viel zu bieten hat.

Wichtig ist aber vor allem eins: Sie können mehrere Kanäle nutzen und brauchen die meisten Inhalte doch nur einmal zu produzieren. Videos können Sie bei Facebook, TikTok, Instagram und sogar in der recht neuen Rubrik »YouTube Shorts« bei YouTube veröffentlichen. Zudem bietet sich dann noch die Möglichkeit, das gleiche Video auch noch auf Ihrer Webseite einzubauen. Auch Fotos lassen sich recht einfach auf mehreren Kanälen gleichzeitig verbreiten.

Manchmal ist aber doch weniger mehr und der Fokus auf einen Kanal und dessen Bewerbung und Nutzerauswertung einfacher. Fragen Sie dazu die jungen Menschen in Ihrem Unternehmen, worauf sie Bock hätten, und nutzen Sie deren Know-how. Oftmals sind die geposteten Inhalte dann echter, als wenn Sie eine professionelle Agentur damit beauftragen.

4.2 Social Media – Gefahr oder Chance?

Welche Gründe sprechen dafür, dass Plattformen wie Instagram und TikTok ihre Daseinsberechtigung haben?

Die Chancen

Einer der zentralen Punkte ist das unglaublich große Wissen, das über diese Kanäle gebündelt und in kleine Häppchen verpackt präsentiert wird. Egal ob Unternehmen, Fernsehsender oder Privatpersonen: Jeder mischt inzwischen auf Social Media mit und gibt gratis wertvolles Wissen weiter – wenn auch nicht immer ganz uneigennützig.

Ebenfalls können Kinder durch Influencer ihre Idole finden, denen sie nacheifern, und sich mit ihnen identifizieren. Man ist diesen Personen durch soziale Medien gefühlt näher als jemals zuvor.

Das Internet und besonders große Netzwerke bieten auch einen Rückzugsort. Viele Gleichaltrige halten sich auf den gleichen Plattformen auf und tauschen sich indirekt über Reaktionen zu hochgeladenen Inhalten oder direkt über »Direct Messages« aus.

Die gesunkene Aufmerksamkeitsspanne könnte zwar als negativer Punkt aufgezählt werden, hat aber im Ursprung auch etwas Gutes. Denn bei der Vielzahl an Informationen und Werbung, die das Gehirn aufnehmen muss, lernt es auszusortieren, was nicht von Relevanz oder nutzbringend ist. Junge Menschen erkennen schneller, ob eine Person oder ein Video authentisch ist. Schon deshalb, weil sie für uns Ältere fast schon in Lichtgeschwindigkeit swipen, liken und kommentieren. Sie sind digital fitter als wir und soziale Netzwerke haben daran einen gewissen Anteil.

Die Gefahren

Die häufigste Gefahr ist die Suchtgefahr. Laut der DAK-Onlinesucht-Studie betrifft das etwa drei Prozent der Zwölf- bis Siebzehnjährigen in Deutschland (DAK Gesundheit 2017, Jörg Bodanowitz). Schulische Leistungen können sich aber nicht nur bei den Online-Süchtigen verschlechtern, sondern bei allen jungen Menschen, die mehrere Stunden pro Tag in sozialen Netzwerken verbringen.

Auch das Thema Cybermobbing ist immer wieder präsent, denn das anonyme Beleidigen, Bedrohen oder Bloßstellen hat im Internet nur geringe Hürden zu überwinden. Sozialer Ausschluss aus gemeinsamen Gruppen oder Veröffentlichung von entwürdigenden Fotos oder Videos sind inzwischen leider Alltag in sozialen Medien geworden.

Um Gefahren und Chancen einmal aus der Sicht eines Z-lers zu beleuchten, möchte ich Ihnen einen meiner spannenden Interview-Gäste meines Podcasts »Generation-Z-Talk« vorstellen: Jens Probst, siebzehn Jahre, aus Bayern war lange kein Schüler mit vorbildlichen Noten. Mit dem Start einer Ausbildung hat er jedoch einige Alltagsgewohnheiten reflektiert und umgestellt und wirkt auf mich enorm fokussiert, zielstrebig und redegewandt. Ich fragte nach zwei Chancen und Gefahren, die Social Media aus seiner Sicht mit sich bringen. Er sagt Folgendes:

»Ich fange immer gerne mit dem Positiven an. Und das Erste und Wichtigste sind die Kontakte zu anderen Menschen, die schon da sind, wo ich gerne hinmöchte, also Influencer im weiteren Sinn. Denn davon kann ich profitieren. Der zweite Punkt ist das Wissen. Denn auch YouTube gehört zu Social Media. Und dadurch ist ein enormes Wissen vorhanden. Wir müssen heute nicht mehr wie vor zwanzig oder dreißig Jahren zehn Bücher durchlesen, um die

gewünschten Erkenntnisse zu bekommen. Es reicht ein Video über ein Thema, das vielleicht fünf bis sechs Minuten dauert. Dann schreibe ich mir Assoziationen mit, also übertrage gleich, was ich durch dieses Video gelernt habe, auf meine Fragestellung. Vorausgesetzt ist dabei natürlich, die richtigen Kanäle und Videos zu suchen, um Social Media sinnvoll zu nutzen.

Negativ ist für mich die Reizüberflutung. Selbst bei positiven Absichten, etwas zu lernen, sind unzählige Fünfzehn-Sekunden-Videos auf TikTok eine zu hohe Belastung für das Gehirn. Man lernt durch die Anwendung dessen, was man an Informationen aufnimmt. Der zweite negative Aspekt ist die Meinungsbildung. Jugendliche können sich nicht mehr auf sich selbst konzentrieren, wie es wirklich ist, eine eigene Meinung zu einem Thema zu bilden. Sie stimmen einer Meinung zu, die von einer Person kommt, mit der sie sich verbunden fühlen. Wenn ein Influencer eine gewisse Sicht auf ein Thema hat, kann es sein, dass ich Social Media nutze, um diese Meinung weiterzuverbreiten. Dazu gehören dann auch Gerüchte oder Fake News. Die Verbreitung von Informationen war noch nie so einfach. Das kann also Vor- und Nachteile haben.

Der wichtigste Punkt ist aber für mich, dass Jugendliche heutzutage mit Social Media ihre komplette Verantwortung abgeben. Jeder weiß zwar, dass uns täglich nur vierundzwanzig Stunden Zeit zur Verfügung stehen, aber die wenigsten nutzen diese Zeit sinnvoll. Deshalb mach doch mal ein Experiment und gehe nur ein paar Minuten auf TikTok, um dir dort zehn oder fünfzehn Videos anzuschauen. Danach überlege mal, was du davon noch weißt. Wahrscheinlich gar nichts. Während man von Videos abgelenkt wird, unterdrückt man nur seine Probleme, was aus meiner Sicht schnell dazu führt, eine Depression oder psychosomatische Krankheit zu entwickeln.«

Das könnte ein Grund dafür sein, warum der Anteil psychischer Erkrankungen bei Jugendlichen und jungen Erwachsenen stetig steigt und allein bei den stationären Krankenhausaufenthalten inzwischen achtzehn Prozent ausmacht im Vergleich zu 2005 mit damals noch zwölf Prozent (Statistisches Bundesamt 2022).

Eine Diskussion über den Nutzen und die Risiken von Plattformen wie Instagram, YouTube oder TikTok ist oft schwer in konstruktiver Art und Weise zu führen. Schnell kommen Argumente wie »Die jungen Leute sitzen den ganzen Tag nur vor ihrem Smartphone, was soll da positiv dran sein?«. Klar kommen diese Argumente meistens von älteren Generationen. Aber auch immer mehr jüngere Menschen, mit denen ich spreche, erkennen selbstkritisch, dass aus einer sinnvollen Nutzung – die diese Plattformen durchaus bieten können – schnell eine Sucht werden kann. Eine kürzlich interviewte Fünfzehnjährige berichtete mir, dass sie sich von TikTok abgemeldet habe, ein Siebzehnjähriger erzählt mir, dass er entsprechende Nutzungszeiten pro Tag festlegt, während derer er sich auf Instagram aufhält.

Wir dürfen bei den bekannten Plattformen nicht vergessen, dass es einen bestimmten Grund hat, warum die Nutzung kein Geld kostet. Denn die Währung für die Plattformanbieter sind die Daten und vor allem die Zeit der Nutzer. Wir bezahlen mit unserer Lebenszeit. Handhaben wir Instagram und Co sinnvoll, werden uns Informationen geschenkt, die bereichern, motivieren und informieren. Geben wir uns dem Algorithmus geschlagen, verfallen wir in eine Sucht, die uns über Stunden hinweg von einem zum nächsten Foto oder Video führt.

4.3 Interview mit einer Expertin aus der Generation Z: Social Media erfolgreich nutzen

Julia Essert ist eine meiner vielen Podcast-Gäste, die im »Generation-Z-Talk« ihr Wissen weitergibt und uns von ihrer Arbeit als Beraterin für soziale Medien in Unternehmen erzählt. Während ich in den letzten Jahren immer wieder Agenturen kennengelernt habe, die ebenfalls Unternehmen beraten, denen aber in Bezug auf die Generation Z oft einiges an Kompetenz fehlt, ist das bei Julia anders. Einige Aussagen von ihr möchte ich hier wiedergeben.

Felix: Welchen Stellenwert hat denn der Auftritt von Unternehmen aktuell bei Instagram und Co für dich?

Julia: Vielen Unternehmen ist das Potenzial von Social Media bei der Mitarbeitersuche immer noch nicht bewusst, denn die Generation Z ist der Beginn eines großen Wandels im Recruiting. Wer nicht auf Instagram ist, ist für »Z« nicht existent. Deshalb ist es eine wichtige Aufgabe, das Unternehmen als attraktiven Arbeitgeber in den sozialen Medien zu positionieren.

Felix: Welchen Unternehmen mit welcher Größe und aus welcher Branche würdest du empfehlen sich mit den sozialen Medien zu beschäftigen?

Julia: Ich kann keine Eingrenzung nennen, weil es unabhängig von Branche und Anzahl der Mitarbeiter fast immer Sinn macht, dort zu sein. Für Unternehmen, die laufend neue Mitarbeiter suchen, ist eine höhere Präsenz natürlich umso wichtiger und dann darf auch Geld investiert werden, um eine Marke aufzubauen.

Felix: Wie kann ich starten als jemand, der bisher gar nichts mit TikTok oder Instagram zu tun hatte?

Julia: Es kommt auf das Ziel an. Wenn ich mehr Bewerbungen bekommen möchte, ist die Frage, wie die Werte des Unternehmens aussehen und welche Zielgruppe ich erreichen möchte. Dann sind die Kanäle entscheidend. Instagram und LinkedIn sollten definitiv als Kanäle bespielt werden, wenn ich nicht gerade Sechzehn- oder Achtzehnjährige suche. Bei Schülern ist wiederum TikTok noch ein interessanter Kanal. Für den Start ist es aber oft einfacher, erst mit einem oder maximal zwei Kanälen zu beginnen.

Felix: Angenommen wir entscheiden uns für Instagram. Was soll ich dann posten?

Julia: *Einblicke in das Unternehmen, verknüpft mit der Frage, was die Generation Z wissen möchte und was ihnen von diesem Unternehmen zu erfahren wichtig ist. Außerdem sollten Mitarbeiter in den Vordergrund gestellt werden, denn ohne die würde das Unternehmen nicht existieren. Auf der Plattform wirklich Mitarbeiter wertzuschätzen, ist nicht nur Marketing für potenzielle Bewerber, sondern auch ein Zeichen an die Mitarbeiter selbst. Und das kann mit Bildmaterial oder Videos geschehen. Am besten sind Kurzvideos, in denen Mitarbeiter Fragen beantworten wie »Was gefällt dir hier im Unternehmen besonders gut?«, »Wie sieht deine tägliche Arbeit aus?« oder »Mit welchen Maschinen oder Programmen arbeitest du täglich?«. Das muss alles nicht perfekt abgedreht sein, denn das macht es auch sympathisch. Das sind Fragen für Videos im Feed, also Videos, die längerfristig abrufbar sind. Dazu gibt es dann die Kurzformate der Storys mit sechzig Sekunden, die darüber berichten können, was gerade heute im Unternehmen passiert, und welche dann auch nur für vierundzwanzig Stunden sichtbar sind.*

Felix: *Wie professionell muss die Qualität sein?*

Julia: *Es muss nicht immer der professionelle Videograf sein. Es geht um authentische Einblicke und da passt kein Bild eines gestellten Interviews rein, bei dem der Mitarbeiter einen vorgeschriebenen Text vorliest. Junge Menschen erkennen schnell, ob Menschen von sich aus sprechen oder etwas vorgegeben ist.*

Felix: *Wie lange dauert der Aufbau so eines Kanals auf Instagram mit entsprechenden Erfolgen, also zum Beispiel mehr Bewerber?*

Julia: *Es ist dabei zu unterscheiden, ob man so einen Kanal rein organisch aufbaut, also ohne Werbebudget, oder Geld investiert. Ohne Budget kann es bis zu den ersten sichtbaren Erfolgen drei bis sechs Monate dauern. Das hängt auch davon ab, in welcher Branche welche Zielgruppe angesprochen werden soll. Bei unseren Kunden konnten wir meistens schon nach vier Wochen Erfolge erzielen und offene Stellen besetzen. Interessant ist dabei auch die Tatsache,* *dass sechzig Prozent der Arbeitnehmer nicht direkt nach einem neuen Job suchen, allerdings bereit wären zu wechseln. Wenn diese sechzig Prozent dann eine Werbeanzeige oder einen interessanten Post sehen, kann das bereits zur Bewerbung führen. Aber wichtig ist, dass man überhaupt startet. Denn wer jetzt nicht auf den Zug aufspringt und bei Social Media präsent ist, der wird verloren gehen. Wenn ich immer mehr Unternehmen auf Social Media finde, aber das eine, bei dem ich mich bewerbe, nicht, dann stelle ich mir die Frage, ob dieses Unternehmen etwas zu verbergen hat? Warum wollen die sich nicht zeigen?*

> **Downloadtipp: Was soll ich bloß posten?**
> Wenn Sie sich fragen, was Sie auf Instagram, YouTube oder Tiktok posten sollen, dann holen Sie sich meine Ideensammlung in der digitalen Playbox zum Buch.

4.4 Influencer-Marketing

Influencer sind Personen wie Lehrerschmidt oder Bibi, die auf Social Media eine sehr hohe Reichweite haben. Diese Reichweite nutzen Influencer typischerweise, um ihre Follower auf etwas aufmerksam zu machen wie ein bestimmtes Produkt oder eine Dienstleistung. Das große Vertrauen der Follower ist oftmals ein guter Hebel, um Produkte oder offene Stellen anzupreisen. Wer mit Influencern zusammenarbeiten möchte, kann die Suche zunächst im eigenen Unternehmen beginnen. Denn oft findet man Mitarbeiter, die bereits mehrere Tausend Follower haben, und könnte diese ansprechen, ob Interesse an einem gemeinsamen Marketing besteht.

Warum Social Media ein Muss ist – Interview mit Schreinermeister Mario Suske

Mario Suske, Jahrgang 1999, ist Mit-Inhaber der Schreinerei Suske im Schwarzwald, genauer in Emmingen-Liptingen. Er leitet zusammen mit seinem Vater die Schreinerei und müsste mit dem Beruf des Schreiners und einer geografisch ländlichen Lage seines Unternehmens statistisch gesehen größte Probleme haben, junges Fachpersonal zu finden. Dem ist aber nicht so. Warum und was er genau macht, hängt mit Social Media zusammen. Im Interview mit mir sagt er dazu Folgendes: »Ich kenne Schreinereien, bei denen sich inzwischen überhaupt niemand mehr bewirbt, weil es zu wenig Interessenten für den Beruf des Schreiners gibt. Bei uns ist das anders. Wir bekommen Bewerbungen und geholfen hat dabei wirklich sehr der Aufbau unseres Social-Media-Kanals. In den sozialen Medien sehen Z-ler, was wir machen und was alles möglich ist. Sie sehen auch, dass die häufigen Vorurteile gegenüber dem Schreinerberuf nicht der Realität entsprechen und es sich um einen attraktiven Beruf handelt. Wir posten ein bis zwei Beiträge, also Bilder oder Videos, pro Woche. Das reicht für unsere Unternehmensgröße auch aus. Aber ich achte darauf, dass wir durchgehend Storys posten, damit ersichtlich ist, dass auf unserem Kanal auch etwas passiert.

Die Inhalte der Storys und Beiträge passe ich an die kurze Aufmerksamkeitsspanne der jungen Menschen an. Ich achte darauf, dass wir nicht nur fertige Produkte posten, sondern vor allem Abläufe und Gesichter unserer Mitarbeiter, denn ich bin der Meinung, dass sich unsere Nutzer auch mit den Mitarbeitern unseres Unternehmens identifizieren wollen und müssen, wenn sie Interesse haben, bei uns anzufangen.

Die Inhalte erstelle ich aktuell noch selbst, aber es ist geplant, dass die jüngeren Mitarbeiter zukünftig auch mal den Kanal für eine Woche übernehmen.«

5.
Digital Natives ansprechen, überzeugen und gewinnen

5.1 Womit die meisten Unternehmen zu kämpfen haben

Zur Dramaturgie eines jeden guten Buches gehören auch beängstigende Fakten – zumindest am Anfang. Also gebe ich Ihnen ein paar davon. Manche kommen Ihnen – egal ob Sie Arbeitnehmer oder Arbeitgeber sind – vielleicht sogar bekannt vor:

- Jedes dritte Unternehmen findet keine Azubis mehr.
- Fachkräftemangel – der Arbeitsmarkt ist leer gefegt.
- Achtzehntausend Unternehmen in Deutschland erhalten nicht eine einzige Bewerbung, 2012 waren es noch dreitausendsechshundert (nur IHK-Unternehmen, Stand 2020).
- Es werden nur noch acht Bewerbungen geschrieben bis zur Ausbildungsstelle, 2016 waren es noch zwanzig (Stand 2020).

»Es herrscht Fachkräftemangel. Gute Mitarbeiter sind eben heutzutage leider schwer zu finden.« Wie oft ich diese Sätze schon gehört habe. Sie werden zu allgemeingültigen Standardausreden. Besonders als Konsument und Käufer gilt offenbar nur noch die hilflose Auslieferung der Unternehmen und Einzelhändler, dass es eben keine guten Arbeitskräfte mehr gibt. Schuld ist einzig und allein der Fachkräftemangel. In neunundneunzig Prozent aller Fälle ist diese Aussage absoluter Blödsinn, denn es herrscht kein Fachkräftemangel, sondern ein Ideenmangel. Das stelle ich fast immer fest, sobald ich mich nur etwas genauer mit dem entsprechenden Unternehmen und der Situation beschäftigt habe. Und ganz gleich, ob diese Unternehmen speziell Fachkräfte aus der Generation Z suchen oder altersunabhängig sich über zu wenig Bewerber beschweren – hier hilft bereits ein Blick in die Welt der vorhergehenden jungen Generationen. Was machen eigentlich Z-ler und Y-ler, die zwischen 1995 und 2010 beziehungsweise 1980 und 1994 geboren sind, mit der aktuellen Situation? Bei der sogenannten Generation Why, also den Y-lern, sieht man viele, die sich selbstständig machen und Start-ups gründen. Und diese haben wesentlich seltener mit Personalmangel zu kämpfen als mittelständische Unternehmen oder gar Konzerne. Und wer arbeitet bei den Start-ups? Ebenso viele Y-ler und Z-ler. Laut einer Umfrage von Zenjob aus dem Jahr 2022 möchten:

- einunddreißig Prozent am liebsten in einem KMU,
- achtzehn Prozent in einem Großkonzern,
- sechsundzwanzig Prozent in einem Start-up und
- dreiundzwanzig Prozent selbstständig arbeiten.

Dabei bieten doch gerade Großkonzerne enorme Möglichkeiten an Benefits, Weiterbildungen, gute Gehälter und einen bekannten Namen? Wie kann es da sein, dass gerade diese bei jungen Menschen jährlich in Umfragen immer weiter an Attraktivität verlieren? Die Gründe sind vielseitig und gleichzeitig absolut nachvollziehbar.

5.2 Wie spreche ich die Gen Z an?

Warum die Gen Z ...	kommt	bleibt	geht
Image des Unternehmens	Grund 1		
Interessante Aufgabe	Grund 2	Grund 1	
Entwicklungsmöglichkeit	Grund 3		Grund 2
Vergütung			
Selbstständiges Arbeiten		Grund 2	
Arbeitsbedingungen		Grund 3	Grund 3
Vorgesetzter			Grund 1

Fast schon verzweifelt suchen Unternehmen nach Möglichkeiten, heute junge Menschen anzulocken, sie zu gewinnen und möglichst lange im Unternehmen zu halten.

Dafür bieten sie übertarifliche Bezahlungen, jährliche Bonuszahlungen, einen Firmenwagen oder eine kostenlose Mitgliedschaft im Fitnessstudio.

Ich bin immer wieder erstaunt, wenn ich alle derartigen Job-Features lese, mit denen die Anzahl qualitativ hochwertiger Bewerbungen gesteigert werden soll. Meine erste Frage lautet dann immer: Welche Generation wollen Sie denn damit genau anlocken?

Ein fettes Gehalt zieht vielleicht einige der Generation X an, für die Karriere tendenziell noch mehr im Vordergrund steht und die dafür viel tun würden. Bei der Generation Z wäre dabei eher die Frage, ob die Arbeit neben dem üppigen Gehalt denn auch Sinn bietet oder wie flexibel das Unternehmen ist, welche Unternehmenskultur gelebt wird, welche Unternehmenshierarchien vorhanden sind und welches Arbeitsklima dort herrscht. Das sind völlig unterschiedliche Bedürfnisse, die Personal- und Marketingabteilungen leider nur zu oft unter den Tisch kehren und viel Geld in Marketingkampagnen investieren, die dann nichts bewirken. Am Ende ist die Begründung die, dass die Generation Z halt schwierig sei und man die nicht mehr gewinnen könne.

Ob ein Unternehmen wirklich ein gutes Image hat, bei dem es sich lohnt, sich zu bewerben, ist eine generationsübergreifende Wahrheit, die sich schnell herumspricht. Was wird über das Unternehmen geschrieben, wie sieht sein Employer Branding aus, welche Corporate Influencer, also Markenbotschafter aus den eigenen Reihen, stellt das Unternehmen in den Vordergrund? Spätestens auf Arbeitgeberbewertungsplattformen wie kununu wird schnell ersichtlich, ob Mitarbeiter in diesem Unternehmen gerne arbeiten.

Eine interessante Aufgabe ist auch ein wichtiger Grund, warum junge Menschen sich für ein Unternehmen entscheiden, und sogar der wichtigste Grund, warum sie gegenüber dem Unternehmen loyal sind und lange bleiben. Steckt also eine Sinnhaftigkeit hinter der eigenen Tätigkeit?

5.3 Geld ist (nicht) wichtig

Wie wichtig ist der Generation Z ein hohes Gehalt? Ich hatte vor Kurzem in der Zeitung eine Stellenanzeige eines Klinikums gesehen. Fast eine halbe Seite groß mit nur einem einzigen Satz: »Komm zu uns, bei uns verdienst du mehr!« Lockt das junge Menschen an oder eher deren Eltern?

In Gesprächen mit vierzehn- oder fünfzehnjährigen Schülern kommt es schon mal vor, dass einer zu mir sagt: »Ich will reich werden«. Viele meiner HR-Kollegen verlieren da gleich die Nerven, wenn sie so etwas hören: »Um Gottes willen, die wollen alle nichts arbeiten, aber viel verdienen ...« Ich persönlich halte den Ball flach und nehme das nie zu ernst. Denn in der Regel kommen solche Sätze von denjenigen Schülern, die in ihrem bisherigen Leben noch kein einziges Praktikum oder einen Ferienjob absolviert haben. Die Einstellung ändert sich dann, wenn klar wird, dass dafür meist auch einiges geleistet werden muss.

Junge Menschen tendieren zwar öfter zu einer Ausbildung statt zu einem Studium mit der Begründung, dass sie dann bereits Geld verdienen. Allerdings sind insgesamt andere Aspekte wichtiger. Persönliche Lebenszeit zum Beispiel. Die ist sogar unbezahlbar. Junge Menschen bringen sich deshalb gerne bis Mitte ihrer Zwanzigerjahre voll und ganz in die Arbeit ein, wünschen sich dann aber lieber ein Mehr an Freizeit als an Geld (Schedlberger 2023). Man könnte also zusammenfassen: In jungen Jahren möglichst viel verdienen, um dann relativ schnell eine Work-Life-Separation mit viel Freizeit zu leben. Problematisch ist das deshalb, weil gerade Hochschulabsolventen noch keine Arbeitserfahrung besitzen und deshalb nicht so viel oder mehr verdienen können als ihre langjährigen Kollegen.

Geld ist also nicht alles. Einige Wissenschaftler behaupten sogar, dass zu viel Geld demotivierend wirke, da es intrinsische Motivatoren wie Freude, Lernen oder persönliche Herausforderungen verdrängt. Genauer gesagt vermutet man, dass bei uninteressanten Tätigkeiten die intrinsische Motivation eventuell durch mehr oder zusätzliches Gehalt steigen kann, während sie bei kreativen Arbeiten eher sinkt. Vielleicht ist es dann sogar gut, wenn Sie Ihren Mitarbeitern nicht zu viel zahlen? Ich schaue immer gerne auf Start-up-Unternehmen. In vielen Dingen der Mitarbeitergewinnung und -führung scheint dort alles richtig zu laufen. Diese Unternehmen haben meist nicht viel Verhandlungsspielraum beim Gehalt ihrer Mitarbeiter. Trotzdem gewinnen sie die klügsten Köpfe.

> **Mein Tipp beim Gehalt**
> Schnell Perspektiven geben, was junge Fachkräfte nicht nur beim Gehalt, sondern auch in Bezug auf Arbeitszeitmodelle erwartet.

Es gibt wie meistens keinen pauschalen Lösungsansatz. Eines ist jedoch klar. Nur mit hohem Gehalt lässt sich heute niemand mehr langfristig überzeugen.

Werden alle Jobs gerecht bezahlt?

Die Generation Z sieht das nicht so. Harte Arbeit sollte besser bezahlt werden. Diese Aussage findet sicher fast überall in der Bevölkerung Zustimmung. Sichtbar wird das Dilemma, weil für körperlich harte und gleichzeitig schlecht bezahlte Jobs immer weniger junge Menschen bereit sind zu arbeiten. Pflege und Handwerk sind zwei dieser Branchen. Würde sich jeder Handwerker dafür umso mehr Gedanken machen, wie er den Ausgleich zu körperlich harter Arbeit schaffen kann, und die Vorteile dieses Jobs in den Vordergrund stellen, ständen die Chancen bei vielen Betrieben besser in der Gewinnung junger Menschen.

Investieren Sie in Ihre Mitarbeiter

Investitionen in die individuelle Entwicklung und Zukunft ihrer Mitarbeite sind sehr wichtig. Besser die nächste Gehaltserhöhung einsparen oder kürzen und dafür besondere Fort- oder Weiterbildungen anbieten, die Ihre Mitbewerber den Arbeitnehmern nicht zahlen. Es muss auch nicht immer alles in das berufliche Fortkommen investiert werden. Sponsern Sie Events, Ausflüge oder vielleicht sogar Reisen und Sie bekommen loyale Arbeitnehmer. Der wahre Grund, warum Arbeitnehmer lange bei Ihnen im Unternehmen bleiben, ist doch nicht das Gehalt, sondern das, was sie an Gefühlen mit der Arbeit verbinden. Ein familiäres Miteinander, gemeinsam gefeierte Erlebnisse, Team-Events und individuelle Benefits, die den einzelnen Arbeitnehmer dort unterstützen, wo ihm wirklich geholfen wird.

5.4 Wunschberuf Chef und Influencer

Eine Zuhörerin kommt nach meinem Vortrag bei der New Work Evolution Messe in Karlsruhe zu mir und sagt: »Herr Behm, vielleicht haben Sie einen Tipp für mich. Ich habe das Problem, dass immer mehr der jungen Menschen, mit denen wir Bewerbungsgespräche führen, gar keinen richtigen Wunschberuf mehr nennen, sondern einfach nur Chef oder Influencer werden wollen. Was können wir da tun?«

Warum junge Menschen teilweise solche sonderbaren Wünsche haben, hat verschiedene Ursachen. Ich bin auch als Berufsorientierungscoach an Schulen tätig gewesen. Dabei konnte ich beobachten, dass zu viele Schulen nicht immer eine zeitgemäße Berufsvorbereitung bieten. Eine unzureichende Vorstellung der unzähligen Berufe und Studiengänge überfordert schnell die Lehrer. Dabei soll das kein Vorwurf sein. Wir haben derzeit ungefähr dreihundertzwanzig verschiedene Ausbildungsberufe und weit mehr als zehntausend Studiengänge. Auf unterschiedlichsten Berufsmessen winken dann zusätzlich noch Anbieter von Work-and-Travel, Sprachreisen oder Au-pair-Aufenthalte in anderen Ländern und auf anderen Kontinenten.

Was soll man nur werden, wenn man mit der Schule fertig ist – eine schwierige Entscheidung. Und so gehe ich in eine Schulklasse und stelle wie immer eigentlich die Frage an die Schüler: »Was wollt ihr denn mal werden, wenn ihr fertig mit der Schule seid?« Es dauert nicht lange, bis sich eine Schülerin meldet und antwortet: »Ich will mal glücklich werden«. Glücklich werden –

ist das ein Beruf? Nein, es ist sogar noch viel mehr. Es ist ein Bedürfnis, das wir generationsübergreifend in uns tragen. Etwas zu tun, was wirklich Spaß macht. Sodass sich Arbeit eher wie ein Hobby anfühlt. Ein ganz vernünftiger Wunsch und kein naives, realitätsfernes Denken.

Dass »Chef sein« nicht nur bedeutet, Mitarbeiter herumzukommandieren, wird einem Jugendlichen klar, wenn er einen ersten Einblick in einen Betrieb erhält oder durch entsprechende Videos bekommt. Das allerdings sechzehnjährige Jungs und Mädels anderes im Kopf haben, als das Internet nach authentischen Berufsvideos zu durchforsten, sollte auch klar sein. Hier sollten Schulen Orientierung bieten: Durch die fast unendliche Auswahl an Ausbildungsmöglichkeiten ist es nicht mehr zielführend, einzelne Berufe vorzustellen und andere gar nicht zu erwähnen. Denn genau dieses Phänomen haben wir derzeit. Polizist, Bankkaufmann oder Kauffrau für Büromanagement werden fast immer vorgestellt. Vielleicht auch Medizinische Fachangestellte oder – im Gymnasium – das Berufsbild Arzt oder Rechtsanwalt. Aber was ist mit den Handwerksberufen? Wie arbeitet ein Schreiner und mit welchen modernen Geräten? Was macht ein technischer Produktionsdesigner und für wen ist der Beruf des Anlagenmechanikers geeignet? Passen die für Abiturienten nicht? Eine Schülerin einer Abschlussklasse eines Berliner Gymnasiums meinte einmal zu mir: »Wir würden uns ja für Handwerksberufe interessieren, aber die hat man uns nie vorgestellt. Es hieß immer, wir sollen unbedingt studieren gehen«. Ich finde solche Berichte traurig. Die Schule fördert so ein realitätsfremdes Bild. Man muss studieren gehen, wenn man etwas Richtiges werden will.

In meiner Zeit als Berufsorientierungscoach konnte ich dieses Bild sogar schulformübergreifend feststellen. Wir bekamen unter anderem auch Berufskarten, auf denen kurz und knapp einzelne Berufe vorgestellt wurden. Zu meiner Überraschung fehlten dabei fast komplett die handwerklichen Berufe. Das bedeutet, dass alle Kollegen, die mit den Karten arbeiteten, keinen Beruf im Handwerk vorstellen konnten.

Einige Berufsbilder gehen einfach in der Angebotsfülle unter. Michael Stammel, Personalleiter bei der Rosenberg Ventilatoren GmbH in Süddeutschland, bestätigt das im Interview: »Wir müssen als Unternehmen immer mehr zu einer beratenden Instanz wechseln, weil Jugendliche die Berufsbilder, die wir anbieten, gar nicht mehr kennen. Kaum einer weiß, was ein technischer Produktionsdesigner macht«. Wenn man Berufe nicht kennt, die zu einem passen, beschäftigt man sich eben mit dem, was in Social Media jeden Tag präsentiert wird. Das Berufsbild des Influencers.

Ich denke aber, dass auch ganz andere Faktoren einen Einfluss haben. Denn die Zukunft ist bereits angekommen. Diverse Kanäle machen Konsumenten auf Instagram und TikTok heiß auf die Zukunft – und die hat andere Berufe auf Lager, als wir aktuell in Deutschland finden können. Speditionen finden keine Berufskraftfahrer mehr. Warum? Weil Elon Musk täglich autonom fahrende LKW präsentiert. Wozu braucht man dann noch einen Fahrer. Oder anders gefragt: Wie lange braucht man noch Berufskraftfahrer? Auf diese Antworten geben Unternehmen in der Regel keine Antworten. Aber Berufe werden sich verändern.

Als ich eines Morgens das Klassenzimmer einer neunten Klasse betrete, beginne ich den Tag mit: »Lasst uns heute mal schauen, ob wir bis zum Ende des Unterrichts für jeden von euch einen passenden Beruf finden«. Da meldet sich Yunus aus der letzten Reihe und unterbricht mich fast schon mit den Worten: »Müssen wir das machen?« Ich wusste nicht genau, was ich antworten sollte, und der Junge fuhr dann fort mit: »Ich meine, den Beruf, den wir heute aussuchen, gibt es den denn überhaupt noch, bis wir das Abitur gemacht haben? Sie wissen schon: künstliche Intelligenz, Roboter, Digitalisierung ...«

Ich war relativ sprachlos und hätte ihm eigentlich recht geben müssen. Denn klar ist, dass sich Berufsbilder und damit ganze Branchen grundlegend verändern werden. Und zwar schnell. Junge Menschen beschäftigen sich damit mehr als mancher Erwachsener, der sich schon auf seine Rente freut.

5.5 Zwei Z-lerinnen über ihre ersten Berufserfahrungen

Ich möchte Ihnen nun einzelne Ausschnitte aus einem Interview mit zwei sehr motivierten jungen Frauen vorstellen, die aus ihren Erfahrungen mit Arbeitgebern berichten und in meinem Podcast klar aussprechen, was sie erwarten und wie ihre Empfehlungen für moderne Arbeitgeber lauten.

Lea Sentner und Elisa Kock sind zwei der Gründer von INAQ, einem Verein für nachhaltige Ausbildungsqualität. Sie setzen sich für eine gute Ausbildungsqualität ein und unterstützen dabei in einem speziellen Netzwerk Azubis.

Felix: *Lea, warum, denkst du, gibt es so ein Ungleichgewicht zwischen den Berufen, sodass manche kaum bei jungen Menschen bekannt und nachgefragt sind, andere wiederum mehr.*

Lea: *Ich denke, das liegt daran, dass Berufe oft zu wenig dargestellt werden, es also nicht klar ist, was einen Beruf ausmacht. Deshalb ist mein Appell an die Unternehmen, Berufe interessant darzustellen, sodass die jungen Leute auch Lust haben, sich darauf zu bewerben.*

Elisa: *Und ich denke, ein weiterer wichtiger Grund ist die Schule. Die erhöht – zumindest auf meinem Gymnasium – den Druck und sagt dir: Du musst studieren. Und es wird überhaupt keine Möglichkeit angesprochen, auch eine Ausbildung machen zu können. Denn Studium ist nicht für jeden etwas.*

Lea: *Ein weiteres Problem ist auch die riesige Auswahl. Dadurch, dass es so viel Auswahl an Berufen und Möglichkeiten gibt, ist ein unglaublicher Druck da, sich selbst zu finden und sich selbst zu verwirklichen. Und daran zerbrechen viele. Ich sehe Perspektivlosigkeit und Verzweiflung bei einigen Jugendlichen, weil die noch gar nicht so weit denken, dass sie sich doch ausprobieren dürfen und auch später noch eine andere Richtung beruflich einschlagen können.*

Felix: *Elisa, kannst du das bestätigen? Wie war dein Start ins Berufsleben nach der Schule?*

Elisa: *Ich wusste nach dem Abitur nicht, was ich machen sollte, und bin eher durch Zufall in den Job geraten, den ich heute ausübe. Allein aus dem Grund, weil ich mich von Anfang an in dem Team meines Arbeitgebers wohlfühlte, und dann waren andere Dinge wie zum Beispiel das Gehalt auch nicht mehr so wichtig.*

Felix: *Was sagt ihr zu den Vorwürfen gegenüber eurer Generation, die ja seit Jahren immer wieder gepusht werden. Ist da was dran und wo sind vielleicht wirklich Schwächen der jungen Generation?*

Lea: *Das ist echt anstrengend, ständig dieses Bashing mitzubekommen. Wenn ich Vorwürfe höre, dass Z unqualifiziert und freizeitorientiert sei, dann bin ich auch schon demotiviert und reagiere mit einer Trotzreaktion.*

Elisa: *Klar gibt es in manchen Dingen Potenzial nach oben bei unserer Generation. Junge Menschen – vor allem Azubis – kommen zum Beispiel nicht immer auf ihre Vorgesetzten zu, wenn etwas unklar ist oder Probleme bestehen. Denn sie denken: Okay, mein Vertrag läuft noch ein Jahr, also Augen zu und durch.*

Es fehlt da also oft an der Kommunikationsfreudigkeit der Z-ler und das ist im Arbeitsverhältnis und in der Kommunikation natürlich nicht so gut. Aber viele Azubis fühlen sich missverstanden. Oft sind es auch gar keine großen Probleme, die da entstanden sind und dann zu einem Generationenunverständnis führen. Und ich denke mir oft: Mann, setzt euch doch einfach zusammen an einen Tisch und redet miteinander, das würde die meisten Probleme wahrscheinlich bereits lösen.

5.6 Meine (schmerzhaften) Erfahrungen als Führungskraft – Veränderung ist unbeliebt

Ich möchte vor allem eins betonen: Aus meiner Erfahrung war eine Generation noch nie so d'accord, was ihre Erwartungen an die Arbeitswelt angeht, und gleichzeitig sind sie auch die Ersten, die – egal ob nun bewusst oder aufgrund des Mangels an genügend Nachwuchskräften – diese Erwartungen auch bei immer mehr Unternehmen durchsetzen können.

2012 arbeitete ich in einem großen Klinikverbund in Süddeutschland in der Personalabteilung und hatte gerade meine AEVO (die Ausbildung der Ausbilder) bei der Industrie- und Handelskammer abgeschlossen. Der damalige Verwaltungsdirektor Peter Marschall war sicher der Auslöser für eine Zeit, die mich nicht nur prägte, sondern auch der Grund ist, warum Sie jetzt dieses Buch in den Händen halten. Er benannte mich kurz nach meiner AEVO-Weiterbildung zum Ausbildungsleiter für die kaufmännischen und medizinischen Berufe verschiedener Kliniken. Plötzlich hatte ich als Mittzwanziger die Verantwortung für rund fünfundzwanzig Auszubildende, dual Studierende und Praktikanten in kaufmännischen, technischen und medizinischen Berufen. Weiterhin war ich mitverantwortlich für das Marketing von rund zweihundert weiteren Azubis im pflegerischen Bereich. Vielleicht kennen Sie solche Situationen: Man macht eine Weiterbildung, lernt in der Theorie einiges und merkt dann, wie schwer es wird, das in der Praxis auch umzusetzen. Ich hatte damals schon den Eindruck, dass der Stoff der AEVO-Weiterbildung nicht mehr deckungsgleich mit den Anforderungen am Arbeitsmarkt war. Die Bewerberzahlen sanken drastisch und die Auszubildenden ließen sich nicht mehr alles gefallen. Nur wenige Jahre zuvor war die Situation noch eine völlig andere. 2005 war ich noch einer von rund einhundert Bewerbern auf drei zu besetzende Ausbildungsstellen. Als ich dann 2012 selbst auf der anderen Seite des Tisches saß, waren es noch immerhin rund fünfzig Bewerbungen. Doch die Zahl sank weiter von Jahr zu Jahr. Gleichzeitig war auch die Auswahl der verbleibenden Bewerbungen geringer. Und weil ich auch das nicht in meiner Ausbilderschulung vermittelt bekam, dachte ich auch im Januar noch gelassen, passende Kandidaten für das kommende Ausbildungsjahr finden zu können. Erst als meine Wunsch-Azubis mir dann aufgrund anderer Zusagen nach und nach absagten, befasste ich mich zum ersten Mal wirklich mit der Generation Z.

Im Pflegebereich sah es nicht viel besser aus als im kaufmännischen Bereich. Wir sprachen bald lieber von Ausbildungsplätzen als von Auszubildenden. Denn die Differenz wurde größer und nicht alle Stellen wurden noch besetzt. Es war klar, dass fehlende Azubis im kaufmännischen Bereich zu Engpässen führten, denn diese wurden im zweiten und vor allem im dritten Lehrjahr als Unterstützung für laufende Prozesse gebraucht. Auch für die IT- und Lagerlogistik-Abteilungen sah es nicht viel besser aus. Und was passiert, wenn im medizinisch-technischen Bereich oder gar in den Pflegeberufen der Kliniken junge Mitarbeiter fehlen, können Sie sich vorstellen. Papier ist geduldig, aber wenn es um Menschenleben geht, hört der Spaß auf. Denn das Problem bestand ja lange nicht nur darin, dass es weniger Azubis gab, sondern dadurch auch weniger als Fachkräfte nach der Ausbildung übernommen werden konnten. Fertig ausgebildetes Personal am Arbeitsmarkt zu finden, war noch weitaus schwieriger als Bewerber für Ausbildungsplätze.

Für mich war damals die Situation neu und es schien keine Besserung der Lage in Sicht. Parallel stellten wir auch fest, dass die Leistung der Auszubildenden sank und ein höherer Anteil als früher die Ausbildung abbrach. Nach der Ausbildung kehrten immer mehr Mitarbeiter uns den Rücken, wechselten zu Mitbewerbern oder sogar in ganz andere Branchen. Die Vorstellung, dass man Führungskraft oder Ausbildungsleiter mal so eben nebenbei ist, erfüllte sich bei mir nicht. Es mussten Ideen her. Mir war klar, dass gewisse Dinge kritisch hinterfragt werden sollten und wir dabei vor allem diejenigen miteinbeziehen sollten, über die wir sprechen: junge Menschen.

Man kann es auch Veränderungsresistenz nennen. Die Beharrungskräfte der Babyboomer und X-ler sind mehr als beachtlich.

Und damit begann für mich die Phase des Experimentierens und des Widerstands. Experimentieren, weil ich keine Ahnung hatte, was ich genau verändern musste, um mehr Bewerber und zukünftige Fachkräfte zu gewinnen. Widerstand, weil es besonders schwer ist, Mitarbeiter der Generationen Babyboomer und X von Veränderungen zu überzeugen. Wie oft ich den Satz »Wieso sollten wir das ändern, das WAR SCHON IMMER SO« hörte, habe ich nicht gezählt.

Aber ich denke, es war öfter, als es mir lieb war. Manchmal kam aber auch so etwas wie »Ja klar, machen wir« und ich wusste am Tonfall und Gesichtsausdruck bereits, dass ohne Nachdruck nichts passieren würde. Auch nicht selten wurden Vorschläge genervter Führungskräfte mit »Dafür haben wir keine Zeit. Sie sehen doch, was hier los ist« abgeschmettert.

Kurios war besonders das letzte Argument, denn durch die beabsichtigten Veränderungen würden wir nicht nur junge Menschen gewinnen, sondern natürlich auch die Arbeitslast besser verteilen können. Man wird als Initiator von Veränderungen meistens zunächst nur belächelt. Erst wenn die Idee durchgesetzt wird und der Erfolg sichtbar ist, verändert sich die Stimmung und man gilt plötzlich als wichtiger Ideengeber und Initiator erfolgreicher neuer Prozesse.

5.7 Emotional versus rational – Z will keine (falschen) Jobentscheidungen treffen

»People trust people, not brands«. Genau diesen Satz sagte mir Norina Eisenbacher, Studentin an der Hochschule Furtwangen. Es geht nicht mehr um die Bekanntheit der Marken, sondern um die Menschen dahinter. Die Menschen, mit denen man acht Stunden am Tag zusammenarbeitet – fünf Tage die Woche. Wenn die Beziehung zwischen denen und dem Bewerber nicht funktioniert, sucht sich ein Angehöriger der Generation Z lieber gleich etwas anderes. Während bei Start-ups und KMUs wenigstens manchmal die

Belegschaft den Bewerbern vorgestellt wird, ist das bei großen Unternehmen eher seltener der Fall. Man weiß einfach nicht, mit wem man da jeden Tag zusammenarbeitet. Oft findet man bereits beim Bewerben nicht einmal einen direkten Ansprechpartner und schon gar keine Kontaktdaten. Das gibt kein gutes Bauchgefühl.

Damit sind wir bereits beim nächsten Punkt: dem Bauchgefühl, und der Frage: Wie treffen junge Menschen die richtigen Entscheidungen? Gar keine einfache Frage. Entscheiden Sie sich einmal zwischen dreihundertfünfundzwanzig Ausbildungsberufen, zehntausend Studiengängen und dem immer beliebteren Work-and-Travel im Ausland. Laut Umfragen entscheiden daher in Bezug auf die Ausbildung junge Menschen vor allem nach ihrem Bauchgefühl. Sie bewerben sich auf wenige Stellen, gehen zum Vorstellungsgespräch und sagen dort zu, wo es ihnen gefällt. Die Entscheidungsfindung nach dem Bauchgefühl passt allerdings nicht mit dem Vorgehen der meisten Arbeitgeber zusammen.

Bei der Jobentscheidung sind Zahlen, Daten und Fakten genauso unwichtig wie die Frage beim ersten Date, was der andere heute zum Mittagessen hatte. Es ist nur ein Lückenfüller. Wesentlich wichtiger ist, welches Erlebnis junge Menschen beim Kennenlernen eines Unternehmens haben.

Mit anderen Worten: Es ist der erste Eindruck des potenziellen Arbeitgebers, der überzeugen muss. Entsteht das Bild einer Welt der Regeln, Vorschriften und strengen Blicke oder bietet sich eine nette Unterhaltung, eine Führung durchs Unternehmen und ein erster Plausch mit den zukünftigen Kollegen? Spaß und ein gutes Gefühl bei der Arbeit sind wichtiger als Gehalt. Keine ganz neue Erkenntnis, aber eine, die Digital Natives sehr ernst nehmen. »Arbeitszeit ist auch Lebenszeit«, sagte Robert Hummeny, Führungskraft und Z-ler, in einem Interview zu mir. »Ich wünsche mir, dass mein Arbeitgeber mich ernst nimmt und ich mich auch persönlich entwickeln kann«. Wer es damit wirklich auch ernst meint, erkennen Z-ler in ersten Gesprächen mit dem zukünftigen Vorgesetzten schnell.

Es gibt kein zweite Chance für den ersten Eindruck des potenziellen Arbeitgebers.

Es gibt einen weiteren Grund, warum die Jungen tendenziell eher mit dem Bauchgefühl und emotional entscheiden. Es geht schneller!

»Wir haben keinen Bock mehr, ständig Entscheidungen zu treffen«, sagte ein sichtlich demotivierter Schüler einmal zu mir, als ich ihn fragte, was er denn nun nach der Schule machen wolle. Smartphone, Internet und Social Media triggern Teenager mit bis zu viertausendfünfhundert Botschaften täglich. Die Auswahl an Freizeitaktivitäten ist zusätzlich scheinbar so groß wie noch nie und der Wohlstand war seit Beginn der Generation Z vorhanden. Das Leben bietet so viel, dass das Glas überläuft. Daher erreichen die Anzahl an psychischen Belastungen junger Menschen einen neuen historischen Höchststand. Der Freundeskreis bestand nicht aus tausend Followern, sondern vier oder fünf Freunden im gleichen Dorf. Man traf eine Entscheidung und blieb meistens dabei, weil die Alternativen nicht vorhanden oder nicht sichtbar waren. In solchen Zeiten wurden Entscheidungen noch intensiv überdacht.

Intensives Nachdenken, Abwägen von Argumenten, bevor man eine Entscheidung trifft, scheint heute oft mit einer Art Überforderung einherzugehen. Es winken einfach zu viele Möglichkeiten und Arbeitgeber sind verwundert, wieso der Arbeitnehmer offensichtlich einfach mal so von heute auf morgen kündigt. War ihm die Konsequenz der Entscheidung bewusst? Machen wir Älteren uns vielleicht zu viele Sorgen, falsche Entscheidungen zu treffen, während Generation Z einfach entscheidet und von positiven Ergebnissen ausgeht?

Auf der einen Seite scheint es also so, als hätten junge Menschen keinen Bock mehr, sich für oder gegen bestimmte Dinge zu entscheiden, oder sie sind schlicht und einfach überfordert von der Auswahl der Alternativen.

Mit ungefähr zehn Jahren gibt es das erste Handy und den ersten Kontakt zu sozialen Kanälen. Dann entscheidet der Nachwuchs täglich zwischen mehreren Hunderten Videovorschlägen, Werbeeinspielungen und Push-up-

Benachrichtigungen, welche er annimmt, liest, beantwortet oder löscht. Spontane Entscheidungen bis zu acht Stunden am Tag.

Es ist am Ende zu einfach, jungen Menschen vorzuwerfen, keine, die falschen oder zu schnelle Entscheidungen zu treffen. Diese Generation ist so geprägt worden, und zwar von uns und den Medien. Am Ende sind sie diejenigen, die mit steigender Lebenserfahrung dazulernen werden und die Bewusstheit für Alternativen, aber auch Konsequenzen entwickeln werden.

5.8 Du-Kultur

Sie erinnern sich vielleicht noch an Raphael und das Instant-Feedback. Er fühlte sich wohl, als er die Stelle bei einem Unternehmen annahm, das innerhalb von vierundzwanzig Stunden auf seine Bewerbung reagierte und ihn zu einem Vorstellungsgespräch einlud. Aber wie wichtig war das Vorstellungsgespräch und was war der entscheidende Punkt zu sagen: »Hier fange ich an?«

Genau das habe ich ihn auch gefragt und war gespannt auf seine Antwort. »Mir war sofort sympathisch, dass in diesem Unternehmen eine Du-Kultur gelebt wird«. André Panné, Geschäftsführer eines mittelständischen IT-Unternehmens, sagte hierzu in einem Podcast-Interview zu mir: »Mit dem Siezen in Unternehmen halten wir in Deutschland eine künstliche Distanz aufrecht.«

Schaut man in die Unternehmen, so findet man derzeit drei Ausprägungsformen von Du- beziehungsweise Sie-Kulturen.

Variante eins: Es wird geduzt, egal auf welcher Hierarchie-Ebene. Diese Variante finden wir vor allem oft in Start-up-Unternehmen und bestimmten Dienstleistungsbranchen.

Variante zwei: Es wird gesiezt. Das ist die Mehrzahl der Unternehmen und wenn es nach den Geschäftsführern ginge, dann ändert sich das auch so schnell.

Variante drei: Jede Abteilung findet ihre eigene Lösung. Der Einkauf duzt, die Personalabteilung siezt sich und in der allgemeinen Verwaltung duzen sich nur die unter Dreißigjährigen, während sich der Rest konsequent siezt. Wenn jetzt noch der Ausbildungsleiter seine Azubis mit Sie, aber immer dem Vornamen anspricht, während diese ihn mit ebenfalls mit Sie, aber Nachnamen ansprechen, ist die Verwirrung komplett.

Die scheinbar offene Variante drei ist nicht empfehlenswert, aber immer öfter anzutreffen. Junge Menschen, die möglichst drei Jahre während ihrer Ausbildung vermeiden, jemanden direkt mit dem Namen ansprechen zu müssen, und danach froh sind, wenn der Spuk mit dem Einreichen der Kündigung beziehungsweise der eigenen Ablehnung der Übernahme in ein festes Anstellungsverhältnis vorbei ist.

In meiner eigenen Ausbildung wurde ich jedenfalls öfter angesprochen mit »Du, Herr Behm – kannst du das mal erledigen ...«. Auch habe ich schon öfter erlebt, dass in Stellenanzeigen geduzt wird und dann im ersten Telefonat plötzlich davon nichts mehr zu hören ist. Peinlich. Zeigt sich doch, dass es offenbar in diesem Unternehmen keinerlei Regel dazu gibt und die eine Hand wohl nicht weiß, was die andere tut.

Wie können wir also Menschen mit der Du- oder Sie-Kultur für uns gewinnen? Wir erinnern uns: Vier bis sechs Stunden Smartphone-Nutzung am Tag beeinflussen Verhaltensweisen und formen Erwartungen und Wünsche. Ich persönlich kenne keinen Influencer, der auf Instagram seine Follower mit »Sie« anspricht. Auch keiner der großen Bosse einiger Unternehmen, die sich dort tummeln und sich nahbar zeigen, pflegt eine Sie-Ansprache. Wer das mit fünfzehn Jahren wahrnimmt, wundert sich dann mit sechzehn Jahren, wenn er ein konfuses Durcheinander von Sie und Du im Unternehmen antrifft. Was ist für Unternehmen so schwer? Wenn es gar schon im Bewerbungsgespräch auffällt, dann stehen die Chancen für das Unternehmen eher schlecht.

> **Mein Tipp zur Du-Kultur**
> Etablieren Sie eine durchgängige Du-Kultur in Iihrer Organisation. In jedem Fall aber vermeiden Sie ein Durcheinander von Du und Sie. Damit verlieren Sie immer!

Raphael verbindet mit einer Du-Kultur auch ein familiäres Gefühl. Man ist sich irgendwie näher und in einem Unternehmen mit dreißig oder fünfzig Mitarbeiter erzeugt dieses Gefühl mehr Offenheit gegenüber dem anderen.

6.

Personalmarketing für moderne, human orientierte Unternehmen

Wenn Sie Personaler oder Unternehmer sind, fragen Sie sich vielleicht, welche konkreten Möglichkeiten es gibt, um die Generation Z als (zukünftige) Fachkräfte zu gewinnen. Sie haben in diesem Buch vielleicht schon die ein oder andere Idee mitgeschrieben, die sich ganz automatisch aus verschiedenen Themenschwerpunkten ergibt. Wenn Sie jetzt wissen, welche Bedeutung das Thema Nachhaltigkeit für die Generation hat, macht es im Personalmarketing auch Sinn, sich die Frage zu stellen, ob die eigenen Nachhaltigkeitsbemühungen bereits kommuniziert werden.

Ebenfalls ergibt sich eine gewisse Logik für die eigene Kommunikation aus der Tatsache, dass die Generation Z eine Generation Handy und Social Media ist. Wir sollten also im Marketing die Kanäle mit unseren Anzeigen bespielen, die von der Generation Z genutzt werden.

Und inhaltlich?

Inhaltlich wäre es natürlich nur sinnvoll, wenn wir mit dem werben, was die Gen Z interessiert, also das zeigen, was sie sehen wollen. Aber was wollen sie eigentlich? Besonders bei Schülern taucht diese Frage immer öfter auf. Michael Stammel, Personalleiter des Unternehmens Rosenberg Ventilatoren GmbH mit rund eintausendvierhundert Mitarbeitern, rät dazu, sich nicht zuerst mit der Auswahl der Kanäle zu beschäftigen, sondern eine ganz andere Frage zu stellen:

»Ich stelle fest, dass die jungen Menschen nicht immer genau wissen, was sie werden wollen. Ausbildung, duales Studium, Studium – es gibt viele Unsicherheiten und wir als Unternehmen versuchen diese auszuräumen. Das machen wir mit Transparenz, indem wir sagen, was genau die Themen und Aufgaben innerhalb der Ausbildung sind. Das Problem sind manche Berufsbilder. Industriekaufmann ist vielen noch ein Begriff, aber Produktionstechnologe oder technischer Produktdesigner sind eher exotische Berufe. Deshalb ist es in erster Linie für uns wichtig, eine Transparenz zu schaffen und damit zu werben, um welchen Beruf es sich im Detail handelt. Wir machen also zum einen erst einmal auf uns als Unternehmen aufmerksam und zeigen, was wir als eher unbekanntes mittelständisches Unternehmen bieten können. Und dann gehen wir immer häufiger in eine beratende Funktion. Ganz viel passiert dabei über Instagram.«

Herausforderung Berufsbilder
Eine steigende Herausforderung, die auch ich feststelle, ist also, dass viele Berufsbilder bei jungen Menschen unbekannt sind und Unternehmen mit eher exotischeren Berufen sich zunächst die Frage stellen sollten, auf welche Inhalte in Marketing-Kampagnen sie idealerweise den Fokus legen.

In diesem Kapitel erhalten Sie auf den Punkt gebracht konkrete Ideen und Beispiele, wo und wie Sie Z erreichen und Ihr Marketing aufpeppen können.

Social Media und Instagram

Viele Unternehmen vernachlässigen immer noch sträflich das Medium Nummer eins der Generation Z. Der erste Marketing-Tipp lautet also: Bauen Sie einen Social-Media-Auftritt auf. Wählen Sie dabei zunächst den passenden Kanal. Meistens ist das Instagram, weil es für gutes und nachhaltiges Marketing leicht zu nutzen ist und eine große Reichweite erzielt. Inhalte, die Sie posten können, besprechen Sie mit denen, die diese Plattform am besten kennen – Ihre Mitarbeiter aus der Generation Z. Verteilen Sie Rollen, wer für was zuständig ist, und klären Sie, wie sich gegebenenfalls Ihr Kanal vom ursprünglichen Firmenaccount abhebt. Eine Vermischung von Produktpräsentationen und Mitarbeitergewinnung macht nicht unbedingt Sinn. Viele Unternehmen wählen deshalb den Weg eines neuen Kanals mit dem Stichwort »Karriere«.

Achten Sie darauf, dass Sie die richtigen Mitarbeiter finden, um diesen neuen Kanal zu betreiben. Setzen Sie Anreize, diese Aufgabe zu übernehmen, denn sie kostet – je nach Größe des Teams – zu Beginn einiges an Zeit. In einem Gespräch mit einer Social-Media-Managerin eines großen Unternehmens erfuhr ich, dass sie einen Tag pro Woche sich nur um Instagram kümmert. Das funktioniert bei Ihnen aber auch im Light-Format.

> **Mein Tipp: Top Ten guter Instagram-Auftritte**
> In der digitalen Playbox zum Buch finden Sie als Bonusmaterial eine Übersicht über gutes Personalmarketing. Lassen Sie sich inspirieren, es lohnt sich!

LinkedIn Free Jobs

In Bezug auf Stellenanzeigen kommt man an LinkedIn, das mit einem kostenlosen Angebot zur Schaltung von Stellenanzeigen wirbt, kaum vorbei. Die Handhabung des Tools ist einfach und sogar Fragen können automatisch gestellt und anhand der Antworten automatisch vorsortiert werden.

Ich nenne dieses Tool absichtlich erst nach dem Kanal Instagram, weil die Generation Z nicht optimal über LinkedIn angesprochen werden kann. Sie erreichen also dort weniger die ganz jungen Kandidaten, weil erst ab dem Alter von fünfundzwanzig Jahren LinkedIn an Relevanz als Social-Media-Kanal gewinnt.

6.1 Webseite oder Karriereseite: Aushängeschild Nummer eins

Die Webseite ist Ihr Aushängeschild Nummer eins. Jeder Interessent wird sich spätestens beim Versuch, sich zu bewerben, mit Ihrer Webseite beschäftigen. Leider sind immer noch viele Unternehmensseiten in Bezug auf das Personalmarketing nicht das, was junge Menschen von Webseiten gewohnt sind. Altbackene Gestaltung oder im schlimmsten Fall Seiten, die lange laden oder sich überhaupt nicht öffnen lassen, gibt es immer noch bei vielen Unternehmen. Folgendes Beispiel hierzu:

In einem Training zum Personalmarketing mit verschiedenen Unternehmensteilnehmern haben wir gemeinsam eine Karriereseite angesehen. Und ich bin dabei aus Sicht eines möglichen Bewerbers vorgegangen, der bei Google den Unternehmensnamen eingibt oder entsprechende Jobangebote sucht. Google hat auch die passende und richtige Seite des Unternehmens beziehungsweise die Karriereseite in den Suchergebnissen angezeigt. Aber beim Klicken darauf öffnete sich lediglich ein Hinweis mit einer Fehlermeldung. Dem Unternehmen war das natürlich nicht bekannt und unerklärlich. Auch beim direkten Eingeben der Adresse für die Karriereseite wurden große Probleme ersichtlich und ein Öffnen der Seite fast unmöglich. Das war natürlich der absolute Worst Case. Vielleicht hatten wir aber ab diesem Moment bereits die Antwort auf die Frage, warum das Unternehmen kaum noch Bewerbungen bekam, gefunden.

Die folgenden Faktoren sind besonders im Hinblick auf die Zielgruppe Generation Z von Bedeutung.

Checkliste: Prüfung Unternehmenswebseite/Karriereseite
Folgende Punkte sollte Ihre Webseite als Anlaufstelle Nummer eins erfüllen, damit Sie bei allen Bewerbern punkten:

1. Übersichtlichkeit,
2. kurze, klar formulierte Inhalte,
3. Bilder,
4. optimiert für Tablets und Smartphones,
5. maximal drei Klicks, um zur gewünschten Info zu gelangen,
6. funktionierende Suchfunktion,
7. Suchmaschinenoptimierung,
8. einfache Bewerbungsmöglichkeit.

In der digitalen Playbox finden Sie eine umfassende Erläuterung der einzelnen Punkte.

6.2 Online-Stellenportale

Insgesamt eintausendeinhundert verschiedene Jobbörsen im deutschsprachigen Raum stellen Unternehmen vor die Wahl: Welche Jobbörse ist die richtige?

Um Stellen optimal zu besetzen, werden Sie an Jobbörsen kaum vorbeikommen. Denn sie sind oft der erste Einstieg für Bewerber, die Ihr Unternehmen noch nicht kennen und damit nicht über Ihre direkte Internetadresse auf Ihre Karriereseite kommen. Unter Umständen fehlt Ihnen als kleinem Unternehmen aber auch das Budget und Know-how, um Ihre Karriereseite so zu gestalten und zu positionieren, dass Externe sie finden oder entsprechende Werbung über soziale Netzwerke Interessenten darauf weiterleitet. Dafür gibt es reichweitenstarke Jobportale.

Für Fachkräfte sind die geeignetsten in Deutschland laut Jobbörsen-Kompass 2019:

- Stepstone
- Meinestadt.de
- Indeed.de

In diesem Zusammenhang darf auch »Google für Jobs« erwähnt werden. Denn bei Google ist es möglich, kostenlos Stellenanzeigen zu schalten. Allerdings lohnt sich die Ausschreibung eher als zweite Wahl, da die Suchergebnisse meist noch nicht überzeugend sind.

Für junge Studienabsolventen sind – besonders im Bereich der MINT-Berufe – auch beliebt:

- Staufenbiel
- Jobvector
- Absolventa

Es gibt natürlich noch viele weitere ebenfalls bekannte Portale wie monster.de, Xing oder beispielsweise Jobscout24. Welches Portal für Sie als Arbeitgeber geeignet ist, hängt von Branche und Zielgruppe ab. Überlegen Sie auch, welche Aufmachung und welches Design der Portale am ehesten zu Ihrem Unternehmen passt und am authentischsten wirkt. Ein paralleles Schalten von Anzeigen auf zwei oder drei Portalen wird Ihnen mit der Zeit Erfahrungswerte bringen, wo sich Ihre Zielgruppe am ehesten aufhält.

Für Schüler, die eine duale Ausbildung oder einen dualen Studiengang suchen, bieten diese Ausbildungsportale die besten Chancen, einen Ausbildungsplatz zu finden:

- Ausbildung.de
- Azubiyo.de
- Aubi-plus.de

Diese Portale bieten auch einen Ratgeber, welche Berufe zu wem passen, mit integriertem Stärkentest und Vorschlag passender Arbeitgeber, die sich nach verschiedenen Kriterien sortieren lassen.

Nicht zu vernachlässigen sind aber auch die meist kostenlosen Jobbörsen:

- Arbeitsagentur.de
- IHK-lehrstellenbörse.de
- Lehrstellenbörse von handwerkskammer.de

Die Arbeitsagentur bietet zunehmend Materialien zur Vorstellung diverser Berufsbilder und Stärkentests im Online-Angebot an. Das lockt einerseits mehr Schüler auf deren Lehrstellenbörse, zum anderen sind Arbeitsagentur, IHK und HWK mit persönlichen Bildungsberatern für Ihr Unternehmen immer erreichbar und können in persönlichem Kontakt eine passgenaue Beratung und Vermittlung geeigneter Kandidaten besser durchführen.

Stellenanzeigen für Studenten und Werkstudenten platzieren Sie am besten auf einem dieser beliebten Portale:

- Stellenwerk.de
- Studentjob.de
- Jobmensa.de

Zuletzt möchte ich auch die Möglichkeit der Praktikantensuche nicht unerwähnt lassen:

- Praktikumsstellen.de
- Meinpraktikum.de

Aber auch bereits oben genannte Portale wie Azubiyo oder Stepstone bieten Unternehmen die Möglichkeit, Praktikumsstellen auszuschreiben.

6.3 eBay Kleinanzeigen

Es mag auf den ersten Blick merkwürdig klingen, wenn ich empfehle, Jobangebote bei eBay Kleinanzeigen zu schalten. Doch in ungewöhnlichen Zeiten muss man auch neue Wege gehen, wenn man Erfolg haben möchte. Besonders für kleinere Unternehmen könnte das kostenloses Online-Kleinanzeigenportal – das übrigens seit 2023 nur noch »Kleinanzeigen« heißt – eine interessante Option sein.

2023 hat Kleinanzeigen siebenunddreißig Millionen Nutzer. Auf Kleinanzeigen werden schon lange nicht mehr nur Gebrauchtwaren verkauft oder angeboten, sondern Kleinanzeigen bietet mit durchschnittlich über achthunderttausend Jobangeboten (darunter neunzehntausend Ausbildungsstellen und einhundertsiebzigtausend Jobs im Handwerk) eine große Auswahl für Bewerber, abseits der bekannten Stellenportale etwas Passendes zu finden.

Julius Arntzen, Jungunternehmer und Arbeitgeber von acht Angestellten in der Fensterreinigungsbranche, erzählte mir im Interview meines Podcasts, dass er Mitarbeiter ausschließlich über Kleinanzeigen sucht – und auch findet. Für ihn ist das das richtige Portal.

Vielleicht werden Sie auch auf diesem – noch – recht unbekannten Job-Portal fündig. Die Nutzerzahlen sprechen für sich, denn sechzig Prozent aller Z-ler haben schon mindestens einmal Kleinanzeigen genutzt. Mehr als in den Vorgängergenerationen, bei denen insgesamt lediglich fünfzig Prozent schon einmal Kleinanzeigen nutzten (Statista 2020).

6.4 Stellenanzeigen Generation-Z-gerecht gestalten

Stellenanzeigen für die Generation Z unterscheiden sich in einigen Punkten von denen für Interessenten vorheriger Generationen. In Zusammenhang mit dem Angebot direkt auf Ihrer Webseite sollten Sie bei extern geschalteten Anzeigen auf Online-Portalen oder in anderen Online- beziehungsweise Offline-Medien ein paar Punkte beachten:

Checkliste: Generation-Z-gerechte Stellenanzeigen

1. Schreiben Sie Anforderungen und Angebot so lang wie nötig und so kurz wie möglich. Es geht darum, ein erstes Interesse zu wecken und weiterführende Informationen entsprechend auf Ihrer Webseite oder in Ihren Social-Media-Kanälen bereitzuhalten
2. Schaffen Sie ein authentisches Bild Ihres Unternehmens ohne zu viele Zahlen, Daten und Fakten. Wer das Unternehmen wann gegründet hat und wie viel Millionen Umsatz es heute in welchen Ländern generiert, ist für die Entscheidungsfindung der Generation Z nicht relevant.
3. Achten Sie stattdessen auf die großen vier Handlungsempfehlungen, die ich in diesem Buch beschreibe, und versuchen Sie diese abzubilden: Sinnhaftigkeit (also Purpose und Ziel des Unternehmens), Wertschätzung (meint gelebtes Vertrauen und

Zusammenarbeit zwischen Mitarbeitern und mit Vorgesetzten bis zur Geschäftsführung), Arbeitsmodelle (wie moderne Arbeitsgeräte oder projektorientierter Arbeitsweise) und Perspektiven (welche Zukunft hat der Arbeitgeber, die Branche und der Bewerber individuell bei Ihnen).

4. Nennen Sie (nur) die wichtigsten Aufgaben und verzichten Sie auf allgemeine Floskeln, die nichtssagend sind mit Adjektiven wie »interessant« oder »spannend«. Die Gen Z kann und will das nicht hören, weil die Bedeutung dieser Begrifflichkeiten für jeden Menschen eine andere ist.
5. Im Anforderungsprofil sollten nur die allerwichtigsten Punkte stehen, die absolut notwendig sind. Geht es um eine Stelle, bei der Zahlenaffinität gefragt ist, sollte das genannt werden. Floskeln wie »hohe Belastbarkeit« oder »Begeisterungsfähigkeit« entsprechen nicht der Sprache der Gen Z und bestehen deren Bullshitfilter vermutlich nicht. Jeder Z-ler ist schon gelangweilt nur beim Lesen solcher Anzeigen.
6. Benefits wie Arbeitszeitmodelle mit Rücksicht auf die Work-Life-Separation (Achtung: nicht Balance!), Vergünstigungen, attraktive individuelle Angebote des Unternehmens oder auch überdurchschnittlich hohe Bezahlung runden eine Z-gerechte Stellenanzeige ab.

Aus eigener Erfahrung weiß ich nur zu gut, dass gerne Stellenanzeigen von bisher ähnlich zu besetzenden Stellen kopiert werden. Sie stehen wahrscheinlich unter Zeitdruck, denn die Stelle muss schnell besetzt werden. Beschäftigen Sie sich trotzdem – vielleicht zusammen mit dem bisherigen Stelleninhaber und einer Person aus der Generation Z – mit den genauen Inhalten. Denken Sie daran, wie viele potenzielle Interessenten Sie bereits mit dem falschen Aufbau, der falschen Länge, Gestaltung und unpassenden Begrifflichkeiten verlieren. Nicht, weil diese lesefaul wären, sondern weil Z ein perfektes Angebot von einem Ihrer Mitbewerber bekommt.

Als Personaler möchte ich insbesondere noch einmal auf die Anforderungen in vielen Stellenanzeigen eingehen, die aus meiner Sicht oft aus veralteten Denkmustern stammen oder zu eingefahrenen Personalstrukturen führen und sich hartnäckig halten.

Ein Start-up-Unternehmer berichtete mir folgende Erfahrung: »Ich habe zu Beginn meiner Karriere als Unternehmer einen Fehler gemacht. Ich habe Bewerber nur nach ihrem Können, ihren Hard Skills bewertet. Auf dem Papier hatte ich nur Mitarbeiter, die top ausgebildet waren. Kurze Zeit später aber stellte sich heraus, dass viele von ihnen illoyal waren, nicht die Werte vertraten, die das Unternehmen hatte, und das Image meines Unternehmens nach außen nicht gerade förderten. Von einem Tag auf den anderen ließen sich einige von Mitbewerbern abwerben, weil sie nie eine emotionale Bindung zu meinem Unternehmen aufbauen wollten. Es ging ihnen lediglich ums Geld.

Seitdem stelle ich nur Mitarbeiter ein, die von ihren Soft Skills zu meinem Unternehmen passen. Mitarbeiter, die vielleicht noch nicht alles können, was für die entsprechende Position notwendig ist, aber großen Hunger haben, sich zu entwickeln und diese Fähigkeiten zu lernen. Das sind die Mitarbeiter, die heute am längsten im Unternehmen sind und die beste Leistung bringen.«

Mit diesem Vorgehen erübrigen sich viele Fragen nach unzähligen Nachweisen, Dokumenten und übertrieben großen Mindestanforderungen an Bewerber. Wussten Sie übrigens, dass Männer sich bereits bewerben, wenn sie sechzig Prozent der Anforderungen in Stellenanzeigen erfüllen können, Frauen aber meist erst bei einhundert Prozent der genannten Qualifikationen einem Arbeitgeber ihre Bewerbung schicken? Das hat der LinkedIn Gender Insights Report Deutschland 2021 herausgefunden und ähnliche bereits vorliegende Forschungsergebnisse bestätigt.

Ich stelle nur Leute ein, deren Soft Skills zum Unternehmen passen und die hungrig sind, sich zu entwickeln.

6.5 Bewerbungsprozesse an aktuelle Herausforderungen anpassen

»Vielen Dank für Ihre Bewerbung. Wir melden uns bis in neun Monaten bei Ihnen zurück«. Gefühlt beschreibt das die Geschwindigkeit, Professionalität und das Engagement einiger Personalabteilungen in der Unternehmenswelt. Wobei es nicht selten vorkommt, dass überhaupt keine Antwort auf die Einreichung einer Bewerbung kommt. Merkwürdig, wieso sich dann solche Unternehmen vor negativen Bewertungen auf Arbeitgeber-Bewertungsportalen kaum retten können. Ein schlechtes Bewerbungsmanagement hat noch keinem Bewerber gefallen. Viele der Anwärter auf eine Stelle bleiben trotzdem dran und schlucken die Missstände einfach runter. In den kommenden Jahren wird sich die Situation des Fachkräftemangels weiter verschärfen. Trotzdem wird sich jedoch kaum ein Bewerber von endlosen Bewerbungs- und Vorstellungsprozessen abschrecken lassen, er wird seine Bewerbung nicht zurückziehen.

Ein reibungsloses Bewerbungsverfahren glänzt durch folgende Eigenschaften.

Zeitlicher Ablauf

Das Unternehmen informiert bereits vor Einreichung der Bewerbung über den weiteren zeitlichen Ablauf, damit sich der Bewerber orientieren und vorbereiten kann. Niemand möchte, wenn er gegebenenfalls schon seine Anstellung gekündigt hat oder ein Vertrag demnächst ausläuft, auf unbestimmte Zeit in der Luft hängen, weil er nicht weiß, wann sich ein Unternehmen auf seine Bewerbung zurückmeldet. Das ist umso wichtiger bei Schüler und Studenten, die oft mehrere Möglichkeiten für eine Festanstellung in Betracht ziehen und sich oft für das Unternehmen entscheiden, das im Vorfeld über die Dauer des Bewerbungsverfahrens informiert und am schnellsten auf ihre Bewerbung reagiert. Informieren Sie also, wann es eine Rückmeldung auf die Bewerbung geben wird und wie der weitere Ablauf aussieht bis hin zum Zeitfenster einer endgültigen Zu- oder Absage.

Einhaltung des Zeitplans

Halten Sie Ihre Zeitangaben ein. Es klingt zunächst logisch, stellt aber an dieser Stelle trotzdem einen wichtigen zu nennenden Punkt dar, denn bei vielen Unternehmen ist der Prozess im Bewerbungsverfahren zu kompliziert und zu viele Entscheider und Abteilungen haben ein Mitspracherecht, was eine fristgerechte zeitnahe Rückmeldung an den Bewerber fast unmöglich macht. Unter Umständen müssen Sie also zunächst als Personalabteilung klarmachen, dass Abteilungsleiter und Mitentscheider einen konkreten standardisierten Ablauf einhalten müssen, um eine Stelle für alle zufriedenstellend zeitnah neu zu besetzen.

Wie es in vielen Unternehmen abläuft: Zu oft habe ich selbst erlebt, dass interessante Bewerbungen in einer allgemeinen Bewerbungs-Inbox des E-Mailpostfachs eingehen, nach zwei oder drei Tagen gelesen werden und dann gesammelt mit der Hauspost weitere ein bis zwei Tage später an die Fachabteilung weitergeleitet werden. Der Abteilungsleiter sammelt dann die Bewerbungen zunächst und schaut sich die ersten drei Kandidaten nach ein bis zwei Wochen an. Gegebenenfalls kommt Urlaub oder eine andere Ausfallzeit hinzu, bevor er nach weiteren ein bis zwei Wochen seinen Wunschkandidaten der Personalabteilung per E-Mail mitteilt. Dort wird die Entscheidung dann an den Personalleiter oder dessen Stellvertreter übergeben, der seine Sekretärin bittet, einen Bewerbungstermin zunächst mit Abteilungsleiter und Personalreferent oder -chef zu finden. Drei bis vier Tage später erfolgt dann die schriftliche Einladung per Post an den Bewerber. Die gesamte Dauer beträgt nach diesem gängigen Beispiel ein bis zwei Monate. Der Bewerber liest die Einladung und wirft sie weg oder meldet sich kurz per E-Mail, um abzusagen, weil er schon längst eine andere Stelle angenommen hat.

Wie es stattdessen sein sollte: Der Bewerber reicht seine Bewerbung ein und bekommt innerhalb weniger Sekunden eine automatische Mail mit Bestätigung des Eingangs und der Info, dass innerhalb von vierundzwanzig Stunden eine Rückmeldung der Personalabteilung erfolgen wird. Die Personalabteilung bestätigt den Eingang der Bewerbung und informiert über den weiteren zeitlichen Ablauf, während sie gleichzeitig die Fachabteilung um Rückmeldung innerhalb eines Tages bittet, ob der Bewerber prinzipiell geeignet ist und welche drei Termine für ein Vorstellungsgespräch bei positiver Resonanz innerhalb der nächsten sieben Tage möglich wären. Der Personalleiter wird über die Terminmöglichkeiten in Kenntnis gesetzt und gibt dem Personalreferenten seine möglichen Termine weiter. Der Personalreferent meldet sich per E-Mail oder telefonisch beim Bewerber, um ihn einzuladen. Der Prozess dauert weniger als zwei Tage. Sollte die Anwesenheit des Personalleiters nicht notwendig sein oder erst in einem zweiten Gespräch, geht alles natürlich noch schneller.

Gestaltung des Bewerbungsgesprächs

Machen Sie kein Verhör aus einem Gespräch. Bitten Sie den Bewerber, sich kurz vorzustellen, und gehen Sie dann in eine angenehme Gesprächsrunde über. Stellen Sie Ihr Unternehmen nicht stundenlang vor und vermeiden Sie bitte, einen Text über die Unternehmensgeschichte irgendwo abzulesen. Das ist altbacken und aus meiner Sicht unprofessionell. Es suggeriert dem Bewerber, dass er sich mit dem Unternehmen wohl noch nicht auseinandergesetzt habe. Wir leben in einer Zeit, in der per Google-Spracheingabe der Bewerber alles über Ihre Firma vorgelesen bekommt, was er wissen muss. Die Generationen X und Babyboomer werden diese Möglichkeiten der Informationsbeschaffung vielleicht nicht nutzen, die Gen Z macht das aber, noch während sie vom Parkplatz zu Ihnen ins Büro läuft. Idealerweise aber natürlich schon vorher.

Assessment-Center

AC werden oft als komplexe Form der Personalauswahl beschrieben. Und sie sind sicher komplexer als ein einfaches Bewerbungsgespräch. Als Führungskraft bin ich in manchen Bereichen trotzdem auf AC umgestiegen, die das klassische einfache Bewerbungsgespräch abgelöst haben. Ich war und bin der Überzeugung, dass besonders bei sehr jungen Bewerbern die Bewerbungsunterlagen meist nicht aussagekräftig genug sind, um zu entscheiden, ob eine Stelle, ein Praktikum oder eine Ausbildung zum Bewerber und der Bewerber zu meinem Unternehmen passt. Ich entwarf deshalb zunächst für die Ausbildung – weil dort parallel mehrere Stellen zu besetzen waren – ein halbtägiges Assessment-Center.

Inhalte eines Assessment-Centers sind meistens:
- Vorstellung,
- Präsentation,
- Postkorb-Übung (auch bewährt: Intelligenz- und Konzentrationstests),
- Gruppendiskussion,
- Rollenspiel,
- Fallstudie / Case Study,
- Interview/Selbsteinschätzung.

Ein AC kann auch für Bewerber Vorteile haben, denn sie merken, dass sich das Unternehmen Mühe gibt, den passenden Mitarbeiter zu finden, und nicht einfach aufgrund von Berufserfahrung oder Zeugnissen eingestellt wird. Man hat die Möglichkeit, sich zu beweisen und seine Stärken in einem Wettbewerb mit anderen Bewerbern zu zeigen. Dieser Wettbewerbsgedanke pusht Menschen, die dann oft über sich hinauswachsen, weil sie einfach gewinnen möchten.

6.6 Experten-Tipps für Kleinunternehmen – Ihre Vorteile gegenüber den Big Playern

Kleines oder großes Unternehmen: Wofür würde sich ein Z-ler entscheiden? Was Konzerne ihren Mitarbeitern bieten, ist oft kaum zu überbieten. In der Weiterbildung der Personalfachkaufleute hatte ich bereits einige Male als Dozent das Vergnügen, mich mit mehreren Dutzend Personalern aus Berlin über Tage intensiv auszutauschen. Beim Thema Benefits war ich allgemein überrascht, denn mein Platz für die Antworten auf dem Whiteboard war schnell aufgebraucht. Selbst sehr kleine Unternehmen boten einiges an, um attraktiv zu erscheinen. Aber die Benefits, die zwei Kollegen, die in einem Konzern arbeiteten, aufzählten, haben mich umgehauen. Allein die Aufzählung dauerte rund fünf Minuten. Hier nur einige Punkte, die gerade auch Kleinunternehmen anbieten können, um am Arbeitsmarkt zu punkten. Es ist eindeutig, irgendetwas geht immer:

- Weihnachtsgeld
- Urlaubsgeld
- Prämien
- Essensgutscheine
- Dienstwagen
- Dienstfahrräder
- Jobtickets
- Homeoffice
- Diensthandy
- Dienstlaptop
- Gutscheine für Fitnessstudios
- Massage
- Yoga
- betriebliche Rentenversicherung
- Sabbatical
- Weiterbildungsbudget pro Kopf
- Vier-Tage-Woche
- Kinderbetreuung
- Mitarbeiterrabatt für eigene Produkte
- Gewinnbeteiligung
- Aktien
- Mitarbeiter-Events
- Gesundheitsvorsorge

Die Möglichkeiten sind unbegrenzt und Ihrer Kreativität kaum Grenzen gesetzt. So habe ich auch mit der Geschäftsführerin des Berliners Sanitärunternehmens mf Mercedoel gesprochen, die Ihren Auszubildenden bei guten Leistungen ein Wochenende Mallorca oder einen Dienstwagen als zusätzliche Vergütung anbietet.

Sie können aber auch jede Menge Geld sparen und etwas anbieten, an das kaum ein Unternehmen herankommt. Dinge, die nicht käuflich sind, nicht kopierbar und somit unbezahlbar:

- echte Sinnhaftigkeit,
- Wertschätzung,
- individuelle Perspektiven,
- familiäre Strukturen,
- Authentizität,

- Mitgestalten im Unternehmen,
- Fehlerkultur,
- projektorientiertes Arbeiten,
- Mentoren,
- interne Wissensdatenbank und Learning-on-Demand,
- Verantwortung geben,
- flache Hierarchien,
- Du-Kultur,
- Vertrauensvorschuss statt Misstrauensvorschuss,
- regelmäßige Feedback- und Entwicklungsgespräche,
- Mitarbeiter-Events.

Die meisten Unternehmen, in denen ich war, bieten davon nur einen Bruchteil an – wenn überhaupt. Dabei ist das gar nicht so schwer. Der Trend geht ohnehin zu humanen Unternehmen, die den Menschen wirklich in den Mittelpunkt stellen.

Ein Unternehmer, der in der Malerbranche tätig ist, sagte zu mir: »Gerade kleine Betriebe im Handwerk können eine ganze Menge bieten. In erster Linie sind das Perspektiven! Auslandsaufenthalt, Smartphones, finanzielle Benefits wie Führerscheinzuschuss oder die Ausbildereignungsprüfung und andere Weiterbildungen. Man muss Anreize setzen, um junge Menschen zu gewinnen.«

Teilweise klingen die Maßnahmen einfach, aber es bedarf eines jahrelangen Umgestaltungsprozesses. André Panné, Geschäftsführer des IT-Mittelständlers RODIAS GmbH, oder Dominikus Forsthuber, Geschäftsführer des Bauunternehmens Allgemein Bau Chemie, berichten von langen Prozessen, die gegangen werden mussten. Besonders Dominikus erzählte von einem Prozess, der gerade beim Einbinden und aktiven Mitwirken in Geschäftsprozessen der Mitarbeiter viele Jahre dauerte. Einige – vor allem aus den älteren Generationen – zeigten ihm am Anfang einen Vogel, als er sie aufforderte, ihre Vorschläge einzubringen, was in Arbeitsabläufen verbessert werden könne. »Ihr habt uns zu sagen, was wir tun sollen. Warum sollen wir da Vorschläge machen?« war eine der häufigen Aussagen.

Mit wichtigen Veränderungen bieten Sie keinen neuen Arbeitsplatz an, aber ein neues Gefühl, diesen Arbeitsplatz zu lieben. Sie verkaufen das Gefühl, bei Ihnen wirklich gerne zu arbeiten, und bekommen dafür motivierte Mitarbeiter, die sehr gute Leistungen bringen.

Was hat das jetzt aber mit der Größe des Unternehmens zu tun?
Alle Punkte, die ich aufgezählt habe, sind in kleinen Unternehmen oft viel besser, schneller und effektiver umzusetzen. Bei manchen Dingen wird es sogar äußerst schwierig in Konzernen. Nehmen wir beispielsweise den Punkt flache Hierarchien. Oder das Thema Mitentscheiden – altmodisch auch betriebliches Vorschlagswesen genannt. Die Praxis sieht oft so aus, dass ein Vorschlag eines Mitarbeiters eingereicht wird und zur Prüfung an eine Kommission weitergegeben wird, die sich dann im dreimonatigen Rhythmus trifft und ohne Anwesenheit des Vorschlagenden eine Entscheidung trifft. Das dauert zu lange, ist zu unpersönlich und am Ende mindestens für die Generation Z nur demotivierend. Wieso sollte man einen Vorschlag einreichen, um dann eine Ewigkeit auf eine Antwort zu warten, die schriftlich von irgendjemandem kommt, den man noch nicht mal kennt. Keinen Bock, kein Interesse, keine Lust zu so was.

Bei kleinen Unternehmen lässt sich das mit etwas Offenheit des Chefs schnell umsetzen. Wenn die Tür zum Chef offen steht ist der Weg kurz, die Antwort gleich da. Eine Z-lerin sagte einmal zu mir: »In großen Unternehmen will ich eher nicht arbeiten. Da kommen von irgendjemandem, den man nicht mal kennt, Anweisungen, ohne eine Rückfrage stellen zu können oder mitzuentscheiden, ob diese Tätigkeit sinnvoll ist oder vielleicht anders gemacht werden kann. Das ist mir zu unpersönlich und die Hierarchien meistens so groß und starr, dass eine Flexibilität und ein Miteinander überhaupt nicht bestehen. Es wird von oben herab dirigiert, und das war's.«

Und ein weiterer Aspekt spricht für Start-ups, kleine und mittelständische Unternehmen:

Man ignoriert sich nicht, sondern tauscht sich aus. Man ist sich nicht fremd, man kennt die Gesichter, weiß, wer für was zuständig ist und an wen man sich mit seinem Anliegen wenden kann. Das bestätigen auch Umfragen unter jungen Menschen, wie die Schülerstudie 2022 von Ausbildung.de, wonach achtundsiebzig Prozent der Befragten keine starken Hierarchien im Unternehmen möchten.

»Bei kleinen Unternehmen kann man mit den Menschen über vieles reden, auch über seine Probleme, weil man sich ja kennt«, erzählt mir eine fünfzehnjährige Schülerin , die gerade auf der Suche nach ihrem ersten Praktikumsplatz ist. »Ich denke, es wird mehr auf meine Bedürfnisse eingegangen und was ich eben gerade brauche«. Ich frage sie, was ihr wichtiger ist: mehr Geld oder eine enge Bindung zu Mitarbeitern und Unternehmen? »Den meisten, die ich kenne, ist die enge Bindung wichtiger« lautet ihr Antwort. Wieder ein Punkt für kleine Unternehmen.

Insgesamt wünschen sich Z-ler eher kleine Unternehmen. ZenJob fand mit einer Studie 2021 heraus, dass einunddreißig Prozent aller befragten jungen Menschen am liebsten in einem kleinen oder mittelständischen Unternehmen arbeiten möchten – und sogar sechsundzwanzig Prozent in einem Start-up-Unternehmen. Nur achtzehn Prozent dagegen in einem Großkonzern. Fast doppelt so viele wollen also lieber familiäre Strukturen, flache Hierarchien, Transparenz und eine häufige Du-Kultur. All das finden wir im »Lieblingsunternehmen« der Gen Z.

Übrigens gibt die gleiche Studie von ZenJob an, dass fast jeder Vierte (dreiundzwanzig Prozent) sich auch eine Selbstständigkeit vorstellen kann. Auch ich habe mit Sechzehnjährigen gesprochen, die sich nach der Mittleren Reife einfach in dem, was sie gut können, selbstständig gemacht haben. Ich erinnere mich an einen Fotografen, der mir bei einem Latte Macchiato mit Hafermilch in einem Berliner Café erzählte, dass seine Leidenschaft seit seiner Kindheit das Fotografieren sei und er sich alles, was er für eine Selbstständigkeit brauche, aus dem Internet, über YouTube und aus Büchern beschafft hat. Sein Unternehmen läuft offiziell auf seine Eltern. Er macht Verträge, sie unterschreiben. Oder so ähnlich. Nach seiner Story war mit jedenfalls klar, dass er das, was er tat, mit einer riesigen Überzeugungskraft tat und anhand seiner Sprechweise eher wie ein Unternehmer mit mindestens zehn Jahren Berufserfahrung klang. Wahnsinn.

Ein Unternehmer aus der Handwerksbranche sagte bei einer Veranstaltung zu mir: »Es gibt keine Ausreden für kleine Betriebe. Dass die nichts bieten können, ist Unsinn. Es herrscht Hochkonjunktur im Handwerk. Und die hält auch noch mindestens zehn bis fünfzehn Jahre an. Wenn das kein Argument ist, für diese zukunftssichere Branche zu werben, weiß ich auch nicht.«

7.
Die neuen Must-haves für Unternehmen oder: keinen Bock auf Nullachtfünfzehn-Jobs

Es gilt immer noch: Mitarbeiter verlassen ihren Vorgesetzten, nicht ihr Unternehmen. Was ist es also, das die Generation Z motiviert oder eben den Job kündigen lässt? Der bekannte Engagement-Index von Mitarbeitern in Unternehmen, den Gallup jährlich veröffentlicht, deutet schon lange an, dass unseren Führungskräften noch viel Arbeit bevorsteht. Lediglich circa fünfzehn Prozent aller Mitarbeiter in Deutschland fühlen eine emotionale Bindung zu ihrem Arbeitgeber. Es ist daher nicht verwunderlich, dass sich Beschäftigte wie Bewerber, die sich aussuchen können, ob sie in einem solchen Unternehmen arbeiten möchten, nicht für ein solches Unternehmen entscheiden.

Schaut man sich die heutigen Top-Arbeitgeber genauer an, findet man diese Teile, die erst zusammen das ergeben, was Menschen magisch anzieht und wo Menschen gerne lange arbeiten. Dabei dürfen wir uns über zwei Dinge im Klaren sein.

Erstens: Jeder Mitarbeiter sollte immer als Individuum wahrgenommen werden und seine ganz persönlichen Bedürfnisse sollten angehört werden.

Zweitens: Wir sprechen zwar im Rahmen dieses Fundaments über die Generation Z – Sie werden aber feststellen, dass alle anderen Generationen bei den allermeisten Dingen, die Z fordert, nicht abgeneigt sind, diese auch zu bekommen. Die Frage, ob man jetzt nur noch auf die Jungen eingeht und ältere Mitarbeiter dadurch vernachlässigt, stellt sich also gar nicht.

Jeder Top-Kununu-Arbeitgeber und jedes Unternehmen mit dem Siegel »Great Place to work« sowie vergleichbaren Ehrungen für herausragende Arbeitgeberleistungen bietet diese vier Bausteine, die im Folgenden vorgestellt werden, auf denen das Fundament des Unternehmens ruht. Sie sind unsichtbar und trotzdem von tragender Bedeutung. Unternehmen, die diese vier Bausteine nicht im Unternehmen integriert haben, können aus meiner Sicht ein noch so hohes Millionenbudget in ihr Marketing investieren. Am Ende werden sie bei dieser Generation, die in den nächsten Jahren in die

Arbeitswelt strömt, keinen langfristigen Erfolg haben. Arbeitgeber müssen »anders« investieren, um ihr wichtigstes Kapitel – ihre Mitarbeiter – langfristig halten und hohe Leistungen abrufen zu können. Es ist etwas Arbeit, die auf dem Weg liegt, aber es ist auch eine Arbeit, die sich auszahlt.

Was sind also die vier Bestandteile moderner Führung und wie können Sie diese in der Praxis integrieren? Die neuen Must-haves, die jedes Unternehmen heute der Generation Z bieten sollte, lauten:

- Must-have eins: Arbeit, die wirklich Sinn stiftet,
- Must-have zwei: Wertschätzung und Feedback (mit Kuschelfaktor),
- Must-have drei: neue, zeitgerechte Lern- und Arbeitsmodelle,
- Must-have vier: berufliche Perspektiven für jeden Einzelnen.

Weil es wirklich wichtig ist, betone ich es noch einmal: Diese vier Must-haves sprechen nicht nur den Nachwuchs an, sondern auch die Generationen Babyboomer, X und Y. Mitarbeiterbindung und Loyalität zum Unternehmen und, ganz wichtig, die Leistungsbereitschaft steigen. Keine schlechten Aussichten in Zeiten des Fachkräftemangels – oder?

7.1 Must-have eins: Arbeit, die wirklich Sinn stiftet

Bauen Ihre Mitarbeiter eine Mauer oder eine Kathedrale? Vor vielen Jahrhunderten arbeiteten drei Maurer an den Grundmauern einer Kathedrale. Ein Passant kam vorbei und fragte die drei, was sie da tun. »Das sehen Sie doch«, erwiderte der Erste mürrisch. »Ich bearbeite einen Stein.« Und der zweite Maurer, der das Gleiche tat, sagte gelangweilt: »Na, ich errichte eine Mauer.« Der dritte Maurer allerdings antwortete stolz: »Ich baue eine Kathedrale.« In dem, was man tut, einen wirklichen Sinn zu sehen, ist der Schlüssel zu einer erfolgreichen Mitarbeiterbindung.

Es ist egal, um welche Arbeit es sich handelt. Sinn ist viel mehr als nur der Blick auf die eigentliche Tätigkeit. Ich hatte mal einen Vortrag vor einigen Steuerberatern dazu gehalten, als sich einer meldete und zu mir sagte: »Herr Behm, den Punkt können wir streichen. Wir sind Steuerberater. Unsere Arbeit ergibt keinen Sinn«. Nun ja, das ist es eben genau nicht. Entscheidend ist die Perspektive, wie man die Dinge betrachtet. Wer nur nach einem höheren oder spirituellen Sinn sucht, der wird nichts finden. Doch wie wäre es mit einer ganzheitlichen Sicht? Die Erfahrung, ein Teil des Unternehmens zu sein und wirklich gebraucht zu werden, ist auch etwas, denn jeder Mensch hat ein Bedürfnis nach Zugehörigkeit und wird Zufriedenheit empfinden, wenn er verspürt, dass seine Arbeitsleistung gebraucht wird. Für Unternehmen ist es daher höchst sinnvoll, wenn die Wertschätzung gegenüber allen Mitarbeitern dieselbe ist. Von der Reinigungskraft bis zum Manager. Wenn Sie ein zufriedenes Arbeitsumfeld kreieren, bekommen Sie motivierte Mitarbeiter. Die Autorin des Buchs »Happiness at Work«, Jessica Pryce-Jones, fand in einer Befragung von dreitausend Menschen heraus, dass glückliche, motivierte Arbeitnehmer fünfzig Prozent produktiver sind als weniger zufriedene Kollegen. Besonders im Kampf um junge Talente und angesichts dessen, was Unternehmen in den nächsten Jahren demografisch noch bevorsteht, bekommt diese Zahl eine ganz andere Bedeutung.

Viele Führungskräfte haben noch nicht erkannt, dass das Umfeld der Arbeit ein entscheidender Schlüssel ist, die Leistung der Mitarbeiter zu erhöhen. Schauen wir uns nun genauer an, wie die Sinnfrage pragmatisch angegangen werden kann.

Ergebnisse seiner Arbeit erkennen und das Ganze sehen

Ich möchte Ihnen eine kurze Geschichte erzählen von einem Mann, der einmal einen wunderbaren Satz über die Generation Z sagte: »Diese Jugend, die wir heute haben, ist die beste Jugend, die wir haben können. Denn die stammt aus der Mitte unserer Gesellschaft. Und deshalb haben wir uns um sie zu kümmern und für sie Sorge zu tragen«. Thomas Lundt betreibt eine kleine, auf Porsche spezialisierte Autowerkstatt in Berlin und ist Obermeister der Kfz-Innung Berlin. Er hat eines Tages ein wunderbares Projekt gestartet. Einen Versuch, den ich – wenn ich nicht das Ergebnis gekannt hätte – als waghalsig, fast schon aussichtslos beschrieben hätte.

Lundt hatte als Vorsitzender der Kfz-Innung eines Tages die Nase voll von Kollegen, die immer nur jammerten über die Z-ler. Die seien nicht mehr ausbildungsfähig, faul und zu nichts zu gebrauchen. Da rief er kurzerhand beim Jobcenter in Berlin-Neukölln an und sagte zu dem Sachbearbeiter: »Schicken Sie mir mal den Bengel mit den schlechtesten Noten und den meisten Fehltagen vorbei, den Sie haben. Ich möchte ihn gerne ausbilden«. Der Sachbearbeiter vom Jobcenter war zunächst irritiert und fragte ihn, ob er ihn richtig verstanden habe. Wenige Tage später kam tatsächlich ein junger Mann bei dem Kfz-Meister mit einer Bewerbungsmappe in der Hand vorbei. Darin enthalten ein Zeugnis, das nur aus Fünfern und Sechsern bestand und noch dazu jeder Menge Fehltage im letzten Schuljahr. Als ehemaliger Personaler hätte ich gesagt: Keine Chance, der Junge ist hoffnungslos verloren in der Arbeitswelt. Ich hätte ihn, das gebe ich gerne zu, nicht eingestellt. Herr Lundt aber gab ihm eine Chance. Er bildete ihn aus.

Wie ist es ausgegangen? Denken Sie, der junge Herr hat die Ausbildung abgebrochen, den schulischen Part nicht bestanden oder ist einfach irgendwann nicht mehr zur Arbeit erschienen? Falsch. Er hat seine Ausbildung erfolgreich absolviert. Mit akzeptablen Noten und null Fehltagen. Es schien so unglaubwürdig und ungewöhnlich, dass sogar Zeitung und Fernsehen darüber berichteten. Als ich davon erfuhr, habe ich meine Sachen gepackt und bin zu Thomas Lundt gefahren mit nur einer einzigen Frage im Gepäck: »Wie haben Sie das geschafft?« War es etwa Zufall? Es gibt Fälle, in denen plötzlich die Leistung eines Mitarbeiters exponentiell steigt, und keiner weiß warum. Aber es war kein Zufall, denn Herr Lundt konnte das Ergebnis kurze Zeit später mit einem ähnlichen Kandidaten wiederholen.

Das Rezept zum erfolgreichen Ausbildungsabschluss war folgendes, berichtete mir Herr Lundt: »Ich hab ihn morgens an ein Auto gestellt und mit ihm zusammen das Tagesziel und die Zwischenschritte besprochen, die notwendig waren, um dieses Zeil zu erreichen. Dann hat er von mir zwei erfahrene Mitarbeiter an die Hand bekommen und sie haben das Auto repariert. Und als der junge Mann dann am Abend gesehen hat, wie sein Chef mit dem Auto, das er repariert hatte, vom Hof fährt, dann kam der Punkt, an den er in seiner Arbeit einen Sinn erkannte.«

Einen Sinn, den der Zwanzigjährige in der Schule beim Lernen nicht verspüren konnte. Vielen Menschen fehlt das Ziel, die Kenntnis der Zwischenschritte und überhaupt das Engagement des Vorgesetzten, mit den Mitarbeiten gemeinsam am (Tages-)Erfolg zu arbeiten. Der Auszubildende hat sich in seiner Arbeit mit seinen Stärken identifizieren können. Ihm wurde eine Chance gegeben (das nennt man auch Vertrauensvorschuss) und er hat gezeigt, dass er diese Chance ernst genommen hat. Sicher war in diesem Fall etwas mehr Einsatz als üblich notwendig. Aber es hat sich am Ende ausgezahlt. Investieren und in Vorleistung gehen sollte selbstverständlich sein. Aber wenn wir Stellenanzeigen anschauen, dann werden doch meist Bewerber mit möglichst zwanzig Jahren Berufserfahrung gesucht. Von vielen Studenten, die ich bei verschiedenen Projekten begleiten durfte, habe ich gehört, wie schwer es sei, den Anforderungen und Wünschen der Arbeitgeber gerecht zu werden. Ob denn keiner wüsste, dass man direkt nach dem Studium noch keine Berufserfahrung hat.

Neben der täglichen Arbeitsplanung und dem Engagement von Herrn Lundt gab es einen weiteren Faktor: Der Azubi wurde sofort vollständig in das Werkstattteam integriert. Ohne ihn und seine Tätigkeit konnte kein Auto vollständig repariert werden. Es war dann fertig, wenn jeder seinen Teil dazu beigetragen hatte.

Die Sinnhaftigkeit der eigenen Arbeit wurde spürbar. Wenn Sie auch bei sich mehr Sinnhaftigkeit in Arbeitsaufträge bringen möchten, dann helfen folgende vier Fragen, die laut der Lernforscherin Dr. Bernice McCarthy (Teaching Around the 4MAT® Cycle: Designing Instruction for Diverse Learners with Diverse Learning Styles, 2005) als gehirngerechte Anleitung dienen. Demnach ist immer Folgendes zu hinterfragen:

1. Warum? = Warum ist die Tätigkeit X (als Grundlage) wichtig?
2. Was? = Was genau ist Tätigkeit X?
3. Wie? = Wie genau soll sie ausgeführt werden?
4. Wofür? = Welches Ziel will ich erreichen und was kommt danach?

Im Vergleich zu Arbeitsaufträgen im Stil von »Mach das mal fertig, weil wir das schon immer so gemacht haben« wird so der Beitrag der eigenen Arbeit zu einem größeren Ganzen und damit die Sinnhaftigkeit erkennbar.

Soziales Engagement

Junge Menschen wollen sich sozial engagieren. Sie wollen etwas Gutes tun, einen Teil beisteuern, für andere da sein. Für viele ist es auch das gewisse Etwas, wenn die alltägliche Arbeit um besonderes soziales Engagement bereichert wird. Es hebt den einen Arbeitgeber vom anderen ab. Was klingt wohl besser: Angebot eins, bei dem man eben seinen Beruf ausübt, und das war's oder Angebot zwei, bei dem man zusätzlich zu seinem Beruf immer wieder die Möglichkeit bekommt, gemeinsam mit Kollegen an sozialen Projekten teilzunehmen. Ein Unternehmen, das für soziale Gerechtigkeit in Projekten einsteht und einen Standpunkt zu gesellschaftlichen Themen vertritt, kommt wesentlich authentischer und nahbarer rüber als der klassische Durchschnitt. Das dachte sich auch das Sanitärunternehmen mf Mercedoel. Ich konnte die Geschäftsführerin Dorothea Frankenstein für meinen Podcast interviewen. Ich wurde auf das Unternehmen aufmerksam, weil es mit einer hohen Mitarbeiterzufriedenheit auffiel und bereits Auszeichnungen als Top-Arbeitgeber bekommen hatte. Frau Frankenstein stellte ich die Frage, was ihrer Meinung nach der Grund sei, dass sie noch immer genügend

Bewerbungen – besonders im Ausbildungsbereich – erreichen. »Wir haben unsere Bewerber gefragt, warum sie zu uns wollen und nicht zu einem Mitbewerber. Die Antworten haben mich überrascht. Denn die meisten sagten, sie wollen zu uns, weil sie gehört haben, dass wir uns sozial engagieren, und sie gerne bei diesem Engagement mitmachen würden«. Bei der mf Mercedoel dürfen die Auszubildenden beispielsweise mithelfen, neue Bäder in Kinderheimen oder anderen humanitären Einrichtungen zu errichten. Das ist es, was vielen ein Gefühl gibt, Mitglied einer Gemeinschaft zu sein, die Gutes tut. Gutes tun, und das noch während der Arbeit. Was kann es Besseres geben?

Ebenfalls als besonderes Engagement ist die Beschäftigung benachteiligter Menschen zu sehen. Dies können Menschen sein mit:

- hohem Alter,
- körperlicher Einschränkung,
- physischer Einschränkung,
- fehlender Schulbildung,
- Lebenskrisen und holprigen Lebensläufen,
- anderer Herkunft.

In meiner Zeit als Führungskraft war mir für meine Mitarbeiter wichtig, dass wir ein bunt gemischtes Team haben. Es war für mich ein unvergleichlicher Spirit, der entsteht, wenn eben nicht jeder gleich ist. Deshalb habe ich den Fokus darauf gelegt, Mitarbeiter mit unterschiedlichem Alter und mit unterschiedlicher Lebenserfahrung einzustellen, die aber auch ganz verschiedene Persönlichkeiten mit sich bringen. Ein gewisser Prozentsatz waren auch Mitarbeiter, die eine Umschulung aufgrund einer körperlichen Einschränkung in Anspruch nehmen mussten, und körperlich beeinträchtigte junge Menschen.

Ich erinnere mich noch an einen jungen Herrn, der aufgrund einer angeborenen körperlichen Behinderung einige Bewegungen und Tätigkeiten nicht wie die anderen ausführen konnte. Am Anfang hatte ich mir überlegt, wie ich ihn wohl am besten in mein Team integriere. Ich habe mich gefragt, was notwendig sein würde, damit die anderen – die oft nicht älter als achtzehn Jahre waren – ihn in ihre Gruppe integrieren. Bei einem Teamevent machten wir eine Art Olympiade mit Bogenschießen, Quad-Fahren, Rodeo-Reiten und anderen Dingen. Es war klar, dass er nur teilweise dort mitmachen kann, trotzdem bestand er darauf, mitzukommen und zu versuchen, was für ihn möglich war. Wir ließen die Mitarbeiter hierzu freiwillige Teams bilden und ich war überrascht, wie schnell er von einem Team umworben wurde. Aber nicht nur das. Es kam auch gleich der Vorschlag, für ihn die Regeln zu ändern, um ihm so bessere Chancen mit mehr Versuchen in den Disziplinen zu geben, die er in der Lage war zu bestreiten. Ich hatte bis dahin gar nichts gemacht. Es war mein junges Team, das ihn so sehr integrierte, wie es nur möglich war. Jeder hatte in sich die Möglichkeit gesehen, Unterstützung zu geben, einfach da zu sein und etwas SINNVOLLES zu tun. Das war und ist ein Teil des Sinns, der in der üblichen Arbeitswelt mit Druck und Perfektionismus zu selten vorkommt.

Es gibt viele Möglichkeiten für soziales Engagement im Unternehmen. Aber warum sollten Sie sich die Arbeit machen, Zeit investieren und Neues wagen? Hier die Gründe nochmal zusammengefasst:

- Sie geben Ihren Mitarbeitern einen zusätzlichen Grund, gerne bei Ihnen zu arbeiten, denn sie erkennen einen weiteren echten Mehrwert.
- Sie steigern Ihre Außenwirkung und Ihr allgemeines Ansehen als Unternehmen in der Gesellschaft und bei Ihren Mitarbeitern und Kunden.
- Sie gehen in eine Vorreiterrolle beim Thema Diversität und Integration und leben einen wichtigen Wert, den sich junge Generationen wünschen und von Unternehmen erwarten.

Nachhaltigkeit

Wie wichtig das Thema Nachhaltigkeit für die Generation Z ist, wird in diesem Buch an mehreren Stellen im Detail beleuchtet. Viele Unternehmen belächeln oder ignorieren diesen Wunsch und verstehen dabei noch nicht einmal, dass es sich eigentlich um gar keinen Wunsch handelt, sondern um eine Voraussetzung. Wenn nach aktuellen Umfragen jeder dritte junge Konsument eine zu geringe Auswahl an nachhaltigen Produkten bemängelt und jeder fünfte sich sogar nicht in einem Unternehmen bewerben möchte, das nicht nachhaltig arbeitet, ist das ein klares Zeichen. Ein Zeichen des Willens junger Menschen und ein Zeichen der Ignoranz vieler Unternehmen. Es gibt also was zu tun, und das finde ich bei diesem Thema ganz besonders wichtig. Denn hier geht es nicht darum, irgendwelche Wünsche irgendeiner Altersgruppe zu befriedigen, sondern sich als Gesellschaft gemeinsam, jeder im Rahmen seiner Möglichkeiten, für die Zukunft unseres Planeten einzusetzen.

Mehrere Möglichkeiten stehen auch bei diesem Punkt kleinen wie großen Unternehmen zur Auswahl. Von einfach bis arbeits- oder budgetintensiv hat jeder Unternehmer die Möglichkeit, seinen Beitrag zu leisten.

Die Biermarke Krombacher beispielsweise ließ bereits 2002 für jeden verkauften Kasten Bier einen Quadratmeter Regenwald schützen. Heute sind damit rund siebenundneunzig Millionen Quadratmeter Regenwald in einem Projektgebiet geschützt.

Je nachdem, was Sie mit Ihrem Unternehmen vertreiben oder welche Dienstleistung Sie anbieten, können Sie selbst Aktionen ins Leben rufen oder einen Teil an Greenpeace oder den WWF spenden.

Etwas aktiver können Sie Ihre Mitarbeiter miteinbeziehen, wenn Sie speziell diese spenden lassen und das soziale Engagement nicht über den Verkauf der eigenen Produkte steuern.

Die Beteiligung an Finanzierungsprojekten, neudeutsch Crowdfunding genannt, stellt eine weitere Möglichkeit dar, die sich von einer klassischen Spende unterscheidet. Crowdfunding gewinnt immer mehr an Popularität, da Projekte, Start-ups oder einfach engagierte Menschen mithilfe einer Anfangsfinanzierung in ihrem Vorhaben unterstützt werden.

Als Unternehmen können Sie, egal ob Dienstleistungs- oder produzierendes Gewerbe, immer nachhaltig einkaufen. Als Dienstleister können das Produkte sein, die Sie im Unternehmen benötigen, vom recycelten Papier bis zum Kaffee aus fairem Handel. Als produzierendes Unternehmen bietet es sich dann natürlich zusätzlich an, die Rohstoffe möglichst nachhaltig einzukaufen und entsprechend zertifizieren zu lassen, um nach außen zu zeigen, dass dieses Thema bei Ihnen eine große Rolle spielt – für Kunden und Bewerber.

Unternehmensstrukturen

Auch ein Blick auf Unternehmensstrukturen und Abläufe trägt zu Sinnvermittlung bei. Hat das, was und wie wir es im Unternehmen tun, einen Sinn für unsere Mitarbeiter? Die Frage darf häufiger in Großkonzernen gestellt werden, wenn Bürokratie und Hierarchien undurchsichtig und für den Mitarbeiter wenig sinnbringend erscheinen. Die Generation Z ist flexibel – viele Unternehmen sind es nicht. Langsame Entscheidungsprozesse mit mehreren Schleifen durch Abteilungen, Lenkungsausschüsse und den Vorstand, bis eine Entscheidung getroffen wird, führen dazu, dass Umsetzungen immer häufiger dann stattfinden, wenn der kleine Mitbewerber schon längst beim übernächsten Thema angekommen ist. Gelebte Agilität erhöht daher den Unternehmenssinn.

Immer mehr junge Menschen sehen in Konzernstrukturen ein Problem und keinen wirklichen Sinn. Sie informieren sich genau, ob sie sich in einem so großen Unternehmen wohlfühlen würden, und entscheiden sich immer öfter auch für ein kleineres, überschaubares Unternehmen. Eine Studie von Zen-Job von 2021 bestätigt das. Einunddreißig Prozent der Befragten möchten gerne in einem kleinen oder mittelständischen Unternehmen arbeiten, aber nur achtzehn Prozent in einem Großkonzern. Negativschlagzeilen und Skandale in Medien schrecken Menschen zunehmend davon ab, in bestimmten Branchen große Unternehmen als potenziellen Arbeitgeber auszuwählen. Egal ob Banken- oder Automobilbranche – Gen Z findet ihre Wünsche dort immer weniger befriedigt. Hier nur ein paar der Problematiken aufgelistet:

Fehlende Eigenverantwortung

In einem Unternehmen mit Tausenden Mitarbeitern fehlt oft das, was Z sich wünscht. Mitentscheiden zu können und sich in Prozesse aktiv einbringen zu können. Jeder Mitarbeiter hat sein kleines Aufgabengebiet und bei Vorschlägen zur Veränderung oder Verbesserung steht ein langer Weg bis zu den entsprechenden Entscheidern bevor, die man selbst oft nicht mal persönlich kennt.

Anonymität

Klar, bei vielen Mitarbeitern im Unternehmen ist es wie mit vielen Einwohnern in großen Städten. Man bleibt schnell anonym und einsam. Junge Menschen wollen aber den Kontakt zu anderen und suchen einen Teamspirit. Ich habe selbst zehn Jahre in einem Unternehmen mit dreieinhalbtausend Mitarbeitern gearbeitet und kann nur bestätigen, dass es schwer ist, Kontakte abteilungsübergreifend zu knüpfen und zu festigen. Man sieht sich kaum, läuft sich durch Zufall selten über den Weg oder ist räumlich sogar weit voneinander entfernt in verschiedenen Gebäuden. Selbst innerhalb der Abteilung waren wir in zwei Standorte und jeweils am Standort nochmal durch verschiedene Etagen getrennt. Es war unumgänglich, dass damit auch jeder unterschiedlich gearbeitet hat, was teilweise zu Differenzen im Gesamtergebnis geführt hat. Es bedarf bei so vielen Mitarbeitern einer enormen Abstimmung untereinander, die nur vom Vorgesetzten ausgehen kann. Die jüngeren Mitarbeiter haben sich zumindest per WhatsApp zum gemeinsamen Mittagessen hin und wieder verabredet. Viele Menschen, denen man in solch großen Unternehmen zuarbeitet oder deren Prozesse man weiterführt, hat man vielleicht noch nie gesehen oder einmal persönlich getroffen. Das entspricht nicht der Transparenz und Nahbarkeit, die wir aus der Social-Media-Welt gewohnt sind. Wir wissen einen Namen und haben vielleicht noch eine Stimme am Telefon. Das war's. Daraus entsteht keine Bindung und damit fehlt ein wichtiger Grund, dem Unternehmen lange loyal zu sein. Die Folge kann eine steigende Fluktuation sein.

Unübersichtlichkeit der zusammenhängenden Prozesse im Unternehmen
Je größer das Unternehmen ist, desto wichtiger ist es, die Zusammenhänge komplett zu verstehen. Welche Auswirkungen hat die Arbeit des Mitarbeiters der Abteilung X auf die weiteren Prozesse in der Herstellung des Produkts Y? In meiner Zeit im Klinikum war es mir besonders wichtig, dass vom ersten Tag meine Mitarbeiter die Zusammenhänge ihrer Arbeit mit den anderen Abteilungen verstehen. Bei mehreren Tausend Mitarbeitern ist nicht immer klar, welche Auswirkungen und welche Bedeutung die Arbeit des Einzelnen hat. Oder anders ausgedrückt: Die meisten Mitarbeiter in großen Unternehmen kennen noch nicht mal die Zusammenhänge zwischen ihrer Arbeit und der Arbeit der anderen Kollegen. Im Klinikum bedeutete das für mich, dass jemand, der neu anfängt – besonders dann, wenn bislang keine Berufserfahrung besteht –, auch Abteilungen kennenlernt, die er sonst nicht betreten würde. Beispielsweise dürfen deshalb neue Mitarbeiter im Rechnungswesen auch einen Tag im Einkauf oder auf einer Station verbringen. Nur so wird fühlbar, warum ihre Arbeit wichtig ist und welche Auswirkungen die Qualität und Quantität ihrer Aufgaben hat.

Übereinstimmung eigener Stärken mit den Aufgaben

Ein passgenauer Einsatz eines Mitarbeiters dort, wo er sein volles Potenzial ausschöpfen kann, kann ebenfalls zu einem höheren Sinnerleben und höherer Zufriedenheit führen. Vor ein paar Wochen habe ich mich mit einer jungen Dame unterhalten, die in einem Familienunternehmen arbeitet. Sie ist zuständig für die Koordination der Vertriebsmitarbeiter und ich fragte sie, was sie antreibt, in einer eher männerdominierten Branche zu arbeiten. Sie erzählte mir, dass sie sich ursprünglich auf eine ganz andere Stelle im Marketing beworben hat, die Personalabteilung jedoch der Ansicht war, sie würde mit ihren Fähigkeiten besser in das Vertriebsteam passen. Und das hat sich bestätigt. Sie fühlt sich total wohl und kann an ihrem jetzigen Arbeitsplatz perfekt ihre Stärken einbringen. Stärker als in der ursprünglich angestrebten Funktion. Eine zu den eigenen Stärken passende Funktion führt so zu der täglichen Arbeitserfahrung, sich leistungsstark einbringen zu können. Das Tun vermittelt so Sinn für den Einzelnen.

Ich selbst kann mich in meiner Zeit als Führungskraft an einen ähnlichen Fall erinnern. Ich hatte eine junge Dame für die Ausbildung zur Medizinischen Fachangestellte im Unternehmen. Allerdings waren ihre Leistungen bis zum zweiten Lehrjahr gerade ausreichend bis teilweise mangelhaft. Sie tat sich sichtlich schwer, ihre Aufgaben korrekt zu erledigen, und zeigte ein eher demotiviertes Verhalten. Wir hatten schon gemeinsam überlegt, was wir tun könnten, um ihr zu helfen, als eine andere Abteilung aufgrund eines krankheitsbedingten Ausfalle mich um Unterstützung bat. Es war eine völlig andere Arbeit als die, die meine Auszubildende bisher verrichtet hatte. Es ging um eine anspruchsvolle Position in einem für sie fachfremden Bereich, bei der viel organisiert und dem Chefarzt zugearbeitet werden musste. Keine der Auszubildenden konnte allerdings so kurzfristig versetzt werden, weil in vielen Bereichen Personalmangel bestand. Lediglich die Abteilung dieser einen jungen Dame erklärte sich einverstanden, sie eine Zeit lang auszuleihen. Also starteten wir den Versuch – fast schon mit der Befürchtung, dass das unter den genannten Umständen nicht klappen würde. Aber genau das Gegenteil passierte. Plötzlich erkannte sich die junge Frau in den neuen Aufgaben wieder und merkte, dass sie ihre Stärken, die sich offenbar mit der Stellenbeschreibung weitgehend deckten, voll ausleben konnte. Sie war total glücklich und wir fanden einen Deal, dass sie für eine längere Zeit dort bleiben konnte und trotzdem ihre Ausbildung als Medizinische Fachangestellte weiterführte.

In den letzten Jahren habe ich einige Führungskräfte kennengelernt, die sich mit dem stärkenbasierten Einsatz von Mitarbeitern schon länger beschäftigen. Einer davon ist Phillipp Marotzke. Er ist Prokurist bei der Malerei Marotzke, einem Malerfachbetrieb mit rund einhundert Mitarbeitern in Berlin. Ich kenne ihn nun einige Jahre und habe auch schon mit einzelnen Mitarbeitern von ihm aus der Generation Z zusammengearbeitet und auf Podiumsdiskussionen gemeinsam diskutieren dürfen. Sein Unternehmen ist mir deshalb aufgefallen, weil er in einer schwierigen Branche genügend motivierte Arbeitskräfte beschäftigt und regelmäßig Top-Nachwuchskräfte findet. Er erreicht also dort etwas, wo viele Unternehmen in der Malerbranche nicht mal ansatzweise einen ähnlichen Erfolg verzeichnen können. Er beschäftigt intrinsisch motivierte Menschen. Aber wie macht er das? Was ist sein Rezept für gute Führung? In einem Gespräch mit mir sagt er dazu Folgendes: »Junge Menschen müssen richtig eingesetzt werden. Nämlich bei der Aufgabe, die sie gut können. Wenn beispielsweise ein Maler-Azubi perfekt Feinarbeiten ausführt, dann sollte er darin auch mehr eingesetzt werden. Außerdem ist eine Bezugsperson wichtig. Eine, die passt, und nicht irgendeine. In der Ausbildung kann das auch ein anderer Azubi aus dem dritten Lehrjahr sein. Und nicht zuletzt zählt die persönliche Nähe zwischen Führungskraft und Mitarbeiter beziehungsweise Ausbilder und Lehrling, die zum Erfolg und zur langfristigen Zusammenarbeit führt.«

Marotzke gibt jungen Menschen das Allerwichtigste, womit sie Sinnhaftigkeit verbinden: Eine Arbeit, bei der sie Spaß haben. Er investiert dafür aber auch Zeit. Denn es ist nicht immer sofort ersichtlich, welche Arbeiten mit den Stärken welches Mitarbeiters sich größtenteils decken. Oft wissen besonders junge Menschen noch nicht, was sie wirklich gut können. Sie haben es nie erfahren und die Pflichtpraktika in der Schule erfüllen bei der individuellen Stärkenfindung nur teilweise ihren Job. Marotzke selbst sucht deshalb vorwiegend Mitarbeiter, die über zwanzig Jahre alt sind und ihre Entwicklungsphase in der Spätpubertät weitestgehend abgeschlossen haben. Und auch dann bedarf es einiger Planungen, Veränderungen und Gespräche mit seinen Mitarbeitern, um Wünsche der Mitarbeiter mit den Möglichkeiten des Unternehmens zusammenzubringen. Dass es geht, zeigt er auf erfolgreiche Art und Weise.

Unternehmenskultur für mehr Sinnhaftigkeit

Unternehmen brauchen Grundwerte, die Prinzipien wie zwischenmenschliche Zusammenarbeit und Wohlbefinden der Mitarbeiter festlegen. Diese Werte sollten natürlich nicht nur gelebt, sondern auch nach außen kommuniziert werden. Denn die beste Unternehmenskultur bringt keine neuen Mitarbeiter, wenn diese für Bewerber nicht erkennbar ist.

Werte, die sich das Unternehmen schafft, erhöhen die Mitarbeiterbindung und -zufriedenheit. Denn das Miteinander schafft Erfolg. Aktuellen Umfragen zufolge würden sogar über siebzig Prozent der Berufstätigen eine Gehaltskürzung in Kauf nehmen, wenn ihr Unternehmen dafür Werte hat, die gelebt werden.

Diese Werte können bei jedem Unternehmen unterschiedlich sein. Eine klare Mission, die Mitgestaltung der Mitarbeiter bei Unternehmensentscheidungen, Verantwortung übernehmen oder auch Achtsamkeit sind nur einige Beispiele. Hinter jedem Wert sollte aber auch eine konkrete Idee stecken, wie man diesen Wert im Unternehmen integriert und ihn möglichst alle – vom Sachbearbeiter bis zum Geschäftsführer – leben können und wollen.

Die Generation Z durchschaut schnell, ob solche Werte nur auf einem Blatt Papier oder einer schönen Grafik existieren oder auch wirklich gelebt werden. Wenige Minuten, ein Blick auf Mitarbeiterbewertungsportale, den Instagram-Kanal des Unternehmens oder das LinkedIn-Profil des Geschäftsführers zeigen schnell das wahre Gesicht.

7.2 Must-have zwei: Wertschätzung und Feedback (mit Kuschelfaktor)

Sie lesen richtig, der Kuschelfaktor gehört zur Wertschätzung dazu. Und immer wieder fragen Teilnehmer meiner Vorträge entrüstet, ob sie die Generation Z jetzt auch noch ins Bett bringen sollen. Das sollen Sie natürlich nicht und es wäre arbeitsrechtlich auch höchst bedenklich, wenn Sie das täten. Mit dem Kuschelfaktor ist die veränderte Wahrnehmung einer jungen Generation gemeint.

Eine Harvard-Studie bringt auf den Punkt, was ich damit meine: Nur einundzwanzig Prozent aller Mitarbeiter stimmen voll zu, dass sich das Unternehmen, bei dem sie arbeiten, um ihr Wohlergehen kümmert.

Schauen wir speziell auf die Frage, wie viele junge Menschen wirklich Wertschätzung erfahren, könnte eine Zahl besonders wichtig sein. Laut einer Umfrage unter Auszubildenden geben siebzig Prozent an, dass sie selten bis niemals ausführliches Feedback von ihrem Ausbilder erhalten. Diese Zahl bestätigt sich mir immer wieder, wenn ich junge Menschen darauf anspreche. Es passiert einfach zu wenig bei diesem Thema in den Unternehmen. Aber um Feedback geben zu können, müsste man natürlich erst mal die Namen der Mitarbeiter kennen. Sie werden lachen, aber erst vor ein paar Tagen, als ich dieses Kapitel schrieb, hatte ich auf einer Podiumsdiskussion einen jungen Mann, der mir erzählte, dass sein Ausbilder bis zum zweiten Lehrjahr nicht mal seinen Namen wusste. Das ist dann das absolute Gegenteil von Wertschätzung.

Hatten Sie schon mal einen Kollegen oder Vorgesetzten, der Sie nicht wertgeschätzt hat? Wie haben Sie sich da gefühlt und wie haben Sie reagiert? Nehmen Sie sich mal einen Moment Zeit und überlegen Sie. Vielleicht waren Sie entsetzt, enttäuscht oder wütend. Vielleicht haben Sie auch Ihre Sachen gepackt und gekündigt. Vermutlich haben Sie Ihre Wut aber eher runtergeschluckt und versucht irgendwie halbwegs vernünftig weiter mit ihm zusammenzuarbeiten.

Die Zeiten haben sich aber geändert und wir befinden uns inzwischen auf einem Arbeitnehmermarkt. Menschen können es sich in vielen Berufen und Branchen bereits aussuchen, wo und mit wem sie arbeiten möchten. Die Generation Z hat das bereits erkannt. Wie ließe sich sonst erklären, dass beinahe jeder fünfte Berufseinsteiger am ersten Tag der Ausbildung darüber nachdenkt, wieder zu kündigen. Am ersten Tag! Da hat er sich wohl kaum ein Bild von der Sinnhaftigkeit seiner Arbeit und der Unternehmenskultur machen können. Es ist der Vorgesetzte, der mit seinem Auftreten diese Entscheidung befeuert. Auch ist es einfach die Arbeitswelt an sich, die sich oft so sehr von den eigenen Vorstellungen unterscheidet. Der Haupttreiber ist meist fehlende Wertschätzung, die schon beim Onboarding-Prozess vermisst wird – falls es so einen Prozess überhaupt gegeben hat.

Wertschätzung beginnt ab dem ersten Tag im Unternehmen – und sie besteht zunächst aus Dingen wie Respekt, Dankbarkeit, Anerkennung, Akzeptanz, Interesse für den Menschen, Aufmerksamkeit und Freundlichkeit. Sie merken schon, um Wertschätzung kommen Sie nicht herum, wenn Sie bei den Jungen punkten wollen. Ich empfehle hierzu einen Blick auf die Leseempfehlungen in der digitalen Playbox.

> **Tipp**
> Vertiefen Sie Ihr Wissen über Wertschätzung mit der Leseliste in der digitalen Playbox.

Ich möchte aber hier im Buch auf etwas eingehen, das oft schmerzlich (nicht nur von der Generation Z) vermisst wird: Feedback.

Warum ist Feedback so wichtig?

Z-ler wünschen sich regelmäßiges Feedback. Ohne das wollen sie nicht arbeiten.

Der Grund für die enorme Bedeutung von Feedback bei der jungen Generation hängt damit zusammen, dass sie ihr halbes Leben mit Likes aufgewachsen sind. Wir drücken ihnen ein Smartphone in die Hand, sobald sie die Grundschule verlassen haben, und sie nutzen es ab diesem Moment sechs Stunden pro Tag.

Aber was machen sie mit diesem Ding den ganzen Tag? Sie schauen keine Tagesschau und surfen auch nicht auf Wikipedia. Sie sind auf Social Media unterwegs. Instagram, TikTok, Snapchat. Facebook übrigens nicht mehr – denn da sind nur noch die Eltern. Und was machen die denn auf diesen Plattformen? Richtig, sie schauen Inhalte anderer User an und laden selbst welche hoch in Bildform oder als Video. Und dafür erwarten sie etwas zurück: LIKES! Aber nicht ein Like, denn ein Like ist kein Like. Nein, es sollten mindestens schon zwanzig, fünfzig oder besser noch hundert Likes sein. Erst dann entsteht ein Feedback, das bestätigt: Meine hochgeladenen In-

Likes sind das neue Feedback. Es ist ein Leben zwischen Zuspruch und Nicht-wahrgenommen-Werden.

halte sind gut! Die Online-Welt besteht demnach zu einem Großteil aus Likes als Währung, die bereits bei Jugendlichen unglaublich beliebt ist. Sie verteilen Likes und bekommen dafür auch Likes zurück.

Übrigens gibt es keine Social-Media-Plattform mehr, auf der es auch Dislikes gibt. YouTube hat als letzte große Plattform, auf der sich Z bewegt, die Anzeige der Dislikes für alle Nutzer Ende 2021 abgeschaltet. Instagram filtert seit 2023 kritische Kommentare anhand künstlicher Intelligenz automatisch raus, sodass der Nutzer diese überhaupt nicht mehr sieht.

Was glauben Sie, wie Tausende von Likes über die komplette Pubertät verteilt Tag für Tag die Definition, Einstellung und Erwartungshaltung einer ganzen Generation prägen? Unterbewusst verändert sich die Erwartung an Wertschätzung und Feedback stark. So stark, dass wir aus den vorherigen Generationen die Z-ler nicht verstehen und erst einmal mit dem Kopf schütteln. Da kommen junge Menschen in ein Unternehmen und denken am ersten Tag schon darüber nach, ob sie kündigen sollen. So was gab es noch nie. Manche Ausbildungsgänge haben Abbrecherquoten von mehr als fünfundsechzig Prozent, beispielsweise Friseur- oder Gebäudereiniger. Fünfundsechzig Prozent! Das liegt meiner Meinung nach nicht daran, dass junge Menschen verweichlicht sind, sondern etwas nicht bekommen, das sie für ihre Psyche benötigen: Wertschätzung und eine neue Feedbackkultur.

Warum sonst denken immer mehr junge Menschen an ihrem ersten Arbeitstag bereits über eine Kündigung nach?! Sie sind bereits enttäuscht, bevor sie überhaupt richtig angekommen sind. Und hier sind die häufigsten Gründe, warum wir unter Feedback etwas anderes verstehen als die jungen Menschen:

»Net gschimpft isch globt gnug« ist tot

Vielleicht wissen Sie bereits, dass ich am Bodensee aufgewachsen bin und dort meine ersten beruflichen Erfahrungen gemacht habe. Diesen Satz habe ich so oft gehört, dass mir inzwischen fast übel wird, wenn ihn mal wieder eine der Führungskräfte, mit denen ich mich unterhalte, ausspricht. (Für alle Leser, die des badischen Dialekts nicht mächtig sind, hier die Übersetzung: Wenn nichts beanstandet wird, dann ist das doch bereits ausreichend gelobt.) Erst vor Kurzem hatte ich ein Gespräch mit einem Geschäftsführer, der zum Thema Feedback sagte: »Wieso sollen wir loben? Es läuft doch alles«. Für ihn bedeutete Lob eher eine Zeitverschwendung. Jeder macht vorschriftsmäßig seine Arbeit und alles ist gut.

Diese aus meiner Sicht altertümliche Ansicht kam spätestens bei der Generation Y schon nicht mehr an. Wieso sollte man denn nicht sagen, wenn etwas gut lief?! Wenn Sie ganz ehrlich mit sich selbst sind, würden Sie sich bestimmt auch nicht beschweren, wenn Ihr Chef plötzlich das ein oder andere Lob ausspricht. Sie würden sich vielleicht wundern, warum er es bisher nicht getan hat. Sie würden sich vielleicht auch fragen, welches Seminar er besucht oder welches Buch er gelesen hat, das diese Verhaltensänderung erklärt. Aber freuen würden Sie sich bestimmt darüber. Und das zeigt, dass wir bei vielen Themen recht ähnliche menschliche Grundbedürfnisse über die Generationen hinweg haben. Der Unterschied ist meistens der, dass die Jungen einfach den Mund aufmachen und aussprechen, was ihnen nicht passt.

Das neue Feedback ist Instant-Feedback

Die Menschen sind durch die Onlinemedien nicht nur feedbackgeil geworden, sondern auch instantgeil. »Ich will alles – und zwar jetzt«. Das Wort »Instant« kennen wir ursprünglich von sofort löslichen Getränken, wie beispielsweise Instant-Kaffee. Inzwischen wird es aber auch für Begriffe wie Feedback genutzt und lässt sich übersetzen mit »sofort Feedback erhalten«.

Warum auch lange warten? Wir bekommen doch inzwischen gefühlt fast alles sofort, auch wenn es uns gar nicht mehr bewusst ist, wie das eigentlich früher war. Zumindest bin ich immer wieder erstaunt, wenn ich darüber nachdenke, wie viel Zeit ich noch vor wenigen Jahren in Dinge investiert habe, die heute in Sekundenschnelle erledigt sind.

Egal ob Sprachnachrichten per WhatsApp, Wissen nachschlagen in Wikipedia, Routenplanung mit Google Maps oder Einkaufen per Rewe Lieferdienst, Es gibt kein Warten mehr. Für die Generation Z jedenfalls. Wir sagen, dass sie ungeduldig seien und alles sofort haben möchten. Spätestens jetzt ist auch klar, warum das so ist!

Die Rückmeldung vom Chef, dass die Arbeit heute erfolgreich abgeschlossen wurde, ist morgen schon überholt und zu langsam. Bei Instagram sind die Storys auch nur vierundzwanzig Stunden sichtbar. Wieso soll dann ein Feedback bei der Arbeit mit Zeitverzug akzeptiert und wahrgenommen werden. »Entweder jetzt oder nie«, könnte man sagen, wenn man von schnellen Rückmeldungen spricht.

Letztendlich prägen Influencer die Jugend. Aber was haben die jetzt mit Instant-Feedback zu tun? Ganz einfach: Wenn Sie heute ihren Lieblings-Influencer, also den Star, den Sie anhimmeln, per direkter Nachricht anschreiben, um ihm etwas mitzuteilen oder eine Frage zu stellen, wird dieser (in der Regel) umgehend über Ihre Nachricht informiert und nicht wenige der Jugendstars antworten dann innerhalb weniger Stunden. Ein Star mit Hunderttausenden oder sogar Millionen Followern antwortet also in vielen Fällen schneller als der Chef. Dabei hat der Chef oder Abteilungsleiter nur zwanzig Mitarbeiter und nicht Millionen Follower. Verstehen Sie jetzt, wieso die Generation Z auf eine Rückmeldung von Ihnen nicht lange warten möchte?

Junge Menschen erwarten das Feedback von ihrem Vorgesetzten genauso schnell wie das Feedback auf einen Post, den sie bei Instagram teilen. Die – bei den meisten Führungskräften ungeliebten – Mitarbeiter-Jahresgespräche sind das beste Beispiel, wie weit wir von einer modernen Feedbackkultur noch entfernt sind. Was interessiert einen Z-ler Ihr Feedback, Monate nachdem er etwas Bedeutsames geleistet hat? Nicht umsonst mahnen die Experten Markus Schweighardt und Christian Thiele in ihrem Buch »Mitarbeiter Gespräche positiv führen« an, heute ergänzend zum Jahres-

Junge Menschen erwarten von Vorgesetzten das Feedback prompt.

gespräch, das meist die Personalabteilung fordert, permanent Feedback zu geben. Das kann für Führende eine Herausforderung sein, aber auch hier gilt, was den Z-lern guttut, motiviert auch die alten Recken im Team.

Seit einigen Jahren gibt es übrigens auch Apps, die ein sofortiges Feedback professionell ermöglichen, auch wenn Vorgesetzter und Mitarbeiter gerade nicht im gleichen Raum sind.

Kuschelfaktor bedeutet nicht, Danke zu sagen, nur weil der Mitarbeiter den Rechner hochfährt.

Wenn ich mit Unternehmern und Führungskräften über fehlende Wertschätzung gegenüber jungen Mitarbeitern der Generation Z spreche, entgegnen mir viele, dass sie doch nicht jede Kleinigkeit loben können. Eine Dame meinte diesbezüglich: »Soll ich die etwa auch loben, wenn sie pünktlich sind oder den PC erfolgreich hochgefahren haben?« Können Sie machen, empfehle ich aber nicht. Mit Kuschelfaktor meine ich zunächst, verstehen zu wollen, warum eine Generation vermehrt Wertschätzung einfordert. Es ist die Frage des Warum, die ich auf den letzten Seiten ausführlich beschrieben habe. Und es ist das individuelle Verständnis, was welcher Mitarbeiter benötigt. Nicht alle sind gleich, auch nicht aus der Generation Z. In Kommunikation zu gehen und mit Achtsamkeit Lob auszusprechen, wo es angebracht ist. Wenn Sie bisher weniger Wert darauf legten, es auch auszusprechen, ist das Aussprechen bereits ein wichtiger und richtiger Ansatz, der zum erfolgreichen Miteinander führt. Dann sind da die Kleinigkeiten – besonders zu Beginn eines Ausbildungs- oder Arbeitsverhältnisses und ganz besonders bei Schul- oder Studienabgängern – und generationsübergreifend immer die Aufgaben, in die viel Arbeit, Mühe und Zeit von ihren Mitarbeitern investiert wurde.

Ein achtzehnjähriger Auszubildender, der zwei Wochen an einer Excel-Aufstellung für Sie gearbeitet hat, sich vielleicht noch Wissen für das Arbeiten mit Excel neu angeeignet hat, möchte eine Wertschätzung dafür erfahren. Das ist keine abgehobene, sondern eine natürliche und nachvollziehbare

Erwartung. Wenn das Feedback wie bei meinem Beispiel des Autohauses Lundt der sichtbare Erfolg oder das Danke vom Kunden für ein repariertes Auto ist, wäre das bereits ein großes Feedback, weil klar ersichtlich ist, was man zusammen geleistet hat. Eine lange Erklärung des Ausbilders, warum es wichtig war, dass das Auto repariert wurde, ist in diesem Fall natürlich nicht notwendig. Ein aufmerksames und ehrlich gemeintes »Sehr gut gemacht!« dagegen schon. Und es kostet nicht mal fünf Sekunden, das auch auszusprechen.

Ich möchte an dieser Stelle nochmal betonen, wie wichtig Feedback nicht nur allgemein ist, sondern welche Auswirkungen ausschließlich negatives Feedback haben kann. Die University of Chicago hat in mehreren Studien (Marie Pein, ManagerSeminare Verlags GmbH, 2020) herausgefunden, dass negatives Feedback den Lernprozess blockiert. Wenn man also eine Rückmeldung gibt, wenn richtig geantwortet wird, und keine, wenn falsch geantwortet wird, verbessert sich der Lernende mehr als andersherum. Denn direktes negatives Feedback bedroht den Selbstwert.

7.3 Must-have drei: neue Lern- und Arbeitsmodelle

Beim Begriff »neue Arbeitsmodelle« fällt uns wahrscheinlich zuerst das Arbeiten im Homeoffice ein. Schauen wir uns aber einmal Möglichkeiten wie Homeoffice, Remote Work, Workation & Co-Working in der Beliebtheitsskala der Generation Z gemeinsam an.

Homeoffice und hybrides Arbeiten

In den letzten Jahren wurde diese Form des Arbeitens von zu Hause vielen Arbeitnehmern aufgezwungen. Es blieb uns keine andere Möglichkeit, als von dem Ort aus zu arbeiten, an dem wir gleichzeitig auch schlafen und essen. Für viele war es eine Herausforderung, die eigenen vier Wände quasi nicht mehr zu verlassen, für manche aber auch eine Kosten- und Zeitersparnis durch den Wegfall des Arbeitsweges ins Büro – und damit wesentlich bequemer. Für die Generation Z ist Homeoffice eine Option, jedoch kein Dauerzustand. Viele wünschen sich die Flexibilität, bei Bedarf im Homeoffice arbeiten zu können, jedoch nicht zu müssen. Dort fehlt nämlich etwas, was die Generation Z als sehr wichtig empfindet: das soziale Miteinander unter Kollegen. Viele sind bereits geprägt von einer Social-Media-Einsamkeit. Physische Gespräche im Büro, in der Pause oder in der Kaffeeküche sind daher ein nicht zu unterschätzendes Merkmal für die Zufriedenheit der Mitarbeiter.

Eine Z-lerin berichtet, dass sie im Homeoffice immer denke, die Leute gingen davon aus, sie würde faulenzen. Im Büro kommt so ein Gedanke nicht auf. Außerdem ist die dauerhafte Kommunikation durch Chats statt persönliche Gespräche eine Gefahrenquelle, denn das geschriebene Wort kann schnell missverstanden werden. Ohne die Aussprache, Gestik und Mimik können wir in jede Nachricht viel hineininterpretieren. »Im Büro ist es zehn Mal einfacher, Probleme persönlich zu besprechen«.

Zuletzt erwähnt sie auch etwas, das ich schon oft gehört habe. Das Gefühl, nach der Arbeit richtig abzuschalten, funktioniert bei Büroarbeit wesentlich besser als im Homeoffice. Man kommt weniger in Versuchung, auch um neun Uhr abends nochmal eine E-Mail zu bearbeiten, und vermischt so weniger Berufliches mit Privatem.

Remote Work

Remote Work bedeutet Arbeiten von unterwegs. Spätestens seit der Generation Y wurde diese Form des Arbeitens bekannt und besonders bei Selbstständigen immer beliebter. Digitale Nomaden sammeln sich in Hotspots, die meistens Länder in Südostasien wie beispielsweise Indonesien oder Thailand sind. Das Human-Ressources-Start-up »Remote« fand in seinem »Remote Workforce Report 2023« heraus, dass sich von den Babyboomern lediglich vierzig Prozent vorstellen können, im Ausland zu arbeiten. Bei den Z-lern sind es doppelt so viele, also achtzig Prozent. Interessant ist die Begründung dafür. Denn jeder fünfte Babyboomer sagt, dass er bei dieser

Arbeitsform keine positiven Verbesserungen sehen würde, während fünfundneunzig Prozent aus der Generation Z erhebliche Vorteile sehen. Die Gründe liegen meiner Einschätzung nach auch darin, dass mit zunehmendem Alter auch eine gewisse Verantwortung und Gebundenheit, zum Beispiel beim Gründen einer Familie, diese Arbeitsform eher unattraktiv macht. Aber genau deshalb darf man bei den jungen Generationen zwei Dinge nicht unberücksichtigt lassen.

Zum einen wird Remote Work mit steigender Anzahl allein lebender Menschen immer attraktiver, weil keine so große Gebundenheit an einen Ort mehr besteht. Zum anderen haben tägliche Einblicke in die Lebenswelt von immer mehr remote arbeitenden Influencern eine Auswirkung. Sie schüren nämlich das Verlangen, Selbiges einmal auszuprobieren. Deshalb wird es für HR-Manager in den nächsten Jahren eine ernsthafte Überlegung wert sein, Angebote für Remote Work im Unternehmen zu etablieren, um attraktivere und moderne Arbeitsformen für eine junge Generation anbieten zu können.

Sogenannte Co-Working-Spaces, also Büroräume, in denen man gemeinsam mit fremden Menschen arbeitet, werden in diesem Zusammenhang immer beliebter und finden sich inzwischen nicht nur in Großstädten, sondern auch auf dem Land. Selbst in meinem letzten Urlaub auf Teneriffa fand ich verschiedene Angebote solcher Möglichkeiten der Arbeitsteilung. Man arbeitet für sich, nutzt aber Pausen, um neue Kontakte zu knüpfen. Neben einem Schreibtisch bieten diese Büros auch Drucker, gut beleuchtete Räumlichkeiten für Videokonferenzen und natürlich schnelles Internet.

Wie sehr man dieses Modell des Remote Workings nutzt, um daraus eine Workation zu machen, bleibt jedem selbst überlassen. Gemeint ist damit die freie Einteilung oder Reduzierung der Arbeitszeit, um Freizeitangebote des bereisten Landes ausreichend wahrzunehmen. Auch diese Freiheit bieten bereits einzelne Unternehmen an. Eine Person, die ich in einem Co-Working-Space auf Teneriffa kennenlernte, war als Manager bei einem großen Software-Unternehmen angestellt und verbrachte eine Woche auf Teneriffa, um morgens in einem Co-Working-Space zu arbeiten und mittags surfen zu gehen. Angemerkt sei, dass dieser Herr Mitte vierzig war. Auch ältere Generationen nutzen also diese Art des Arbeitens durchaus.

Sabbatical und Jobsharing

Ebenfalls für die junge Generation Z interessant sind kurze Auszeiten, die möglich sind durch vorheriges Füllen eines Arbeitszeitkontos, um eine gewisse Zeit von der Arbeit Abstand zu nehmen und eigenen Interessen oder Projekten nachzugehen.

Beim Jobsharing kommen wir fast schon der Thematik Vier-Tage-Woche nahe. Eine Vollzeitstelle mit einer anderen Person zu teilen, ermöglich Flexibilität und Freiheiten für diejenigen, denen ein Teilzeitjob ausreicht.

Für Führungskräfte bedeuten alle beschriebenen Modelle vor allem eines: mehr Kommunikation und eindeutige Instruktionen. Ansonsten wird Arbeit auf Distanz schnell für Führungskraft und Mitarbeiter zum Misserfolg. Mit neuen Lern- und Arbeitsmodellen sind neben dem Ort des Arbeitens noch wesentlich wichtigere Aspekte verbunden. Die Aspekte der Technologie.

Technologien entwickeln sich in rasender Geschwindigkeit und haben unmittelbaren Einfluss auf unser Lern- und Arbeitsverhalten. Spätestens seit ChatGPT in aller Munde ist und uns zeigt, wie einfach jeder von uns künstliche Intelligenz selbst nutzen kann, wurde deutlich, dass wir eine Veränderung in Schule, Studium, Ausbildung und Arbeit benötigen.

Learning-on-Demand

Bei tatsächlichem Bedarf das benötigte Wissen abrufen, just-in-time quasi – wäre das nicht wunderbar? Und es gibt auch eine immer größer werdende Gruppe von Menschen, für die dieser Gedanke gerne heute schon Realität wäre. Junge Menschen fragen sich immer häufiger, wieso sie Wissen anhäufen sollen, das bis zur Benutzung entweder schon wieder veraltet oder vergessen ist.

Bereits heute wirft das Lernsystem einige Fragen auf, wenn Schüler mit entsprechenden Apps nur noch ihre Matheaufgaben eintippen müssen, um dann Lösung inklusive Lösungsweg zu erhalten. Aufsätze schreibt ChatGPT nach Belieben und in diversen Varianten so gut, dass ein Lehrer kaum noch unterscheiden kann, ob dieser von einem Menschen oder von künstlicher Intelligenz geschrieben wurde. Die Versuchung, Hausaufgaben von diesem Assistenten lösen zu lassen, statt sich selbst damit zu quälen, wird immer größer. Und selbst bei Aufgaben, für die es noch keine App gibt, findet man mindestens ein YouTube-Video, das den Sachverhalt perfekt auf den Punkt bringt und sogar den Lehrer in Bedrängnis bringen kann. Wie oft habe ich von meiner eigenen Tochter schon gehört, dass sie sich Sachverhalte in manchen Fächern lieber von Lehrerschmidt auf YouTube erklären lässt, weil sie den Lernstoff dann auch versteht.

Einige Unternehmen haben sich der Frage »Wie können wir Wissen intern sammeln und für jeden Mitarbeiter zu jeder Zeit verfügbar machen?« gestellt. Das Unternehmen EnBW, ein Energieversorger, berichtet in einer Folge des »Ausbilder 4.0«-Podcasts, wie sie dem Wunsch junger Menschen nach dieser neuen Lernform gerecht werden. Technische Mitarbeiter – besonders diejenigen, die in den nächsten Jahren in Rente gehen und ihr komplexes Wissen dann mitnehmen – werden nach und nach aufgefordert, entsprechende Tätigkeiten mit einer kleinen Kamera, die sie an ihren Helm knipsen, aufzunehmen. Ein integriertes Mikrofon zeichnet dabei die Erklärung zu dem, was sie gerade tun, auf. Was von Weitem wie ein Selbstgespräch aussieht, ist das Sichern von Wissen für die nächste Generation. Bild und Ton werden verarbeitet und intern in eine Wissensdatenbank aufgenommen und beispielsweise mit einem QR-Code versehen. Diesen können Azubis dann bei entsprechenden Arbeiten mit ihrem Smartphone abscannen und das dazugehörige Video anschauen, um on demand das zu lernen, was sie in diesem Moment benötigen.

Ich persönliche finde solche Vorstöße großartig, auch wenn es – so laut EnBW – etwas Überzeugungsarbeit bedarf, der Generation X und B zu verdeutlichen, warum sie plötzlich mit Kameras statt mit Azubis sprechen sollen.

Projektorientierte Arbeit und Selbstorganisation, wo es geht

Wir leben in einer Wissensgesellschaft. Und Produktivität in einer Wissensgesellschaft ist keine Einzelleistung. Drei Mittelmäßige, die gut zusammenarbeiten, sind viel produktiver als ein Super-Crack, dem es nicht gelingt, die Ergebnisse der Arbeitsteilung zusammenzuführen. Jedes Unternehmen, das nur den einzelnen Mitarbeiter im Fokus hat, hat keine Zukunft. Denn Produktivität in einer Wissensgesellschaft ist nicht vereinbar mit einer Einzelethik. Die Produktivität steigt kaum noch in den Unternehmen, auch nicht durch digitale Helfer oder Programme, weil die Kommunikation nicht reibungslos funktioniert.

Teamfähigkeit ist daher bereits seit Jahren fester Bestandteil vieler Job-Ausschreibungen. Wegen immer komplexerer Tätigkeiten und des schnell voranschreitenden Einzugs künstlicher Intelligenz wird das Arbeiten in Projekten in den nächsten Jahren einen zunehmend höheren Stellenwert bekommen.

Mitarbeiter und Azubis an Projekten arbeiten zu lassen hat besonders in Bezug auf die Generation Z einen wichtigen Vorteil. Sie können sich ausprobieren und vorhandenes sowie recherchiertes Wissen in Teamarbeit umsetzen. Das gegenseitige Feedbackgeben integriert dabei auch die moderne Form von Wertschätzung, die sich das Team untereinander entgegenbringt, um ein bestmögliches Ergebnis zu erreichen. In meiner Zeit als Führungskraft habe ich mir für Azubis und duale Studenten möglichst viele Projekte überlegt, die mir aus der altmodischen Rolle des Lehrers und Vorgesetzten stärker zum Mentor hin verhalfen. Junge Menschen wollen nicht ständig einen Vorgesetzten mit erhobenem Zeigefinger sehen, der sagt, was zu tun ist. Sie wollen sich einbringen und mitentscheiden. Denn in dieser Welt des Mitentscheidens sind sie groß geworden. Also gibt man ihnen die Möglichkeit dazu, Erfahrungen auf ihre eigene Art und Weise zu sammeln. Wenn die Kritik vom Vorgesetzten uncool ist, kommt sie im Projekt spätestens von den Teammitgliedern so deutlich, dass ein Fehler selten zweimal passiert.

Viele Einzelhandelsketten, aber auch Banken und sogar Hotels haben mit Azubi-Filialen Möglichkeiten geschaffen, ganz anders zu lernen und dabei besser zu verstehen, welche Zahnräder ineinandergreifen, damit ein Unternehmen funktioniert. In diesen Filialen arbeiten nur Auszubildende. Wenn Sie also schon mal beim Einkaufen merkwürdig fanden, dass keiner der Mitarbeiter älter als achtzehn Jahre zu sein scheint, war das vielleicht so eine Filiale. Das Managen des Tagesgeschäfts erfolgt ausschließlich über junge Menschen, die sich noch in der Ausbildung befinden. Und der Lerneffekt, wenn der zuständige Azubi für die Gemüseabteilung vergisst, Salat oder Gurken zu bestellen, und Kunden sowie Team Kritik üben, ist wesentlich größer, als wenn das nur der Vorgesetzte täte.

Neben der steigenden Anzahl von Unternehmen, die heute und in naher Zukunft ihre Art zu arbeiten verändern, entstehen auch Schulformen, die wir bisher noch nicht kannten. In Berlin gibt es seit nun einigen Jahren die »New School«. Deren Konzept lautet: »Wir machen Schule zukunftsfähig!« Und wie? Na klar, mit Projekten, denn der Slogan dort lautet »Finde deine Stärke und zeige es durch ein Projekt«. Ich durfte die Gründerin der Schule, Sabrina Heimig-Schloemer, in meinem Podcast »Generation-Z-Talk« interviewen und mehr über diese Schule erfahren. Diese Schule fährt nämlich ein völlig neues Konzept. Sie bietet Schülern die Möglichkeit, mit Partner-Unternehmen und einem vorgegebenen Budget kleine und größere Projekte anzugehen und dabei den benötigten Schulstoff miteinfließen zu lassen. Die Schüler können so ihre Stärken optimal finden und nutzen, um in der Arbeitswelt den für sie passenden Beruf zu finden.

Die New School ist übrigens eine staatlich anerkannte Sekundarschule und bietet den Realschulabschluss an.

Übrigens können auch Sie, falls Sie in einem kleineren Unternehmen beschäftig sind, bereits mit den jüngsten Ihrer Mitarbeiter unkompliziert in die Welt des projektorientierten Arbeitens eintauchen. Ich habe als Führungskraft sehr schnell meinen Mitarbeitern einen Vertrauensvorschuss gegeben und diverse komplexe Aufgaben, die nur im Team lösbar sind, zu Projekten gemacht. Für Azubis standen dann Aufgaben wie die Organisation von dreitausendfünfhundert Weihnachtsgeschenken oder die Organisation einer mehrtägigen Berufsmesse oder das Sammeln von Spenden mit einem eigenen Stand beim Stadtfest auf dem Plan. Erste, teilweise kleine Aufgaben, die viel bewirkt haben für die Entwicklung der jungen Menschen.

Alle entscheiden zusammen, statt einer an der Spitze

Mitentscheiden – ein geflügeltes Wort. Eine junge Erwachsene sagte zu mir einmal: »Ein gutes Unternehmen ist für mich, wenn alle zusammen entscheiden, wie sich das Unternehmen entwickelt, und nicht nur eine Person«. Da sind die Jungen kaum aus der Schule und wollen schon Chef sein – oder zumindest mitentscheiden. Dabei haben sie doch überhaupt keine Ahnung, wie ein Unternehmen funktioniert.

Wie meine ich das? Dazu werfen wir am besten nochmal einen Blick auf mein EAB-Modell. Erziehung hat sich geändert in den letzten Jahrzehnten. Da stimmen Sie mir sicher zu. Vermutlich jeder Lehrer und Erzieher könnte über die Besonderheiten der Erziehungsmethoden von Eltern in den letzten Jahren ein Buch schreiben. Zumindest das, was ich immer wieder gehört habe, wenn ich mit Lehrern zu tun hatte, erschreckte mich anfangs schon etwas. Aber nur bis zu dem Zeitpunkt, als ich verstanden habe, wie ich die Gegebenheiten sinnvoll für mich als Führungskraft nutzen kann.

Die Normalität der meisten Kinder der Generation Z ist, dass sie als Kinder zum ersten Mal mitentscheiden durften. Sie durften Einfluss darauf nehmen, was es zum Abendessen gibt, wohin es als Nächstes in den Urlaub geht und welche Farbe das nächste iPhone hat, das an Nikolaus im Stiefel steckt. Eltern geben ihren Kindern immer mehr Freiheiten. Denn sie haben ja nur das eine Kind und wollen nur das Beste für dieses. Und um das Beste zu geben, ist es doch selbstverständlich, dass es überall mitentscheiden darf.

Arbeiten mit neuester Technologie

Von meinen ersten Berufsmessebesuchen 2012 kann ich mich noch gut erinnern, wo die meisten Schüler zu finden waren. An den Ständen, bei denen es irgendwas mit Technik zu sehen gab. In den meisten Fällen waren das VR-Brillen, die einen Einblick in verschiedene Berufe und Unternehmen geben sollten. Ganze Trauben von jungen Menschen versammelten sich dort, um diese neue massentaugliche Technologie kennenzulernen. Findige Unternehmen setzen VR aber nicht nur auf Messen ein, sondern auch im Unternehmen selbst. Denn durch die für das Gehirn kaum von der wirklichen Realität zu unterscheidenden Bilder ist es möglich, bestimmte Inhalte aus internen Schulungen mit diesen Brillen durchzuführen.

Die Schnellrestaurant-Kette KFC hatte eine Art Spiel zur Verfügung gestellt, in dem man mit Brille und einer Art Handschuhe in einer Küche des Restaurants üben konnte, wie man Hähnchen richtig frittiert. Mit entsprechenden Handbewegungen tauchte man diese dann in Fett und ein virtueller Hahn kam von der Decke gesprungen, wenn man die richtige Frittierzeit nicht eingehalten hatte. Etwas kurios, gleichzeitig lustig und letztendlich auf irgendeine Art und Weise realitätsnah. Denn es ist ein Unterschied, ob ein Angestellter eine Bedienungsanleitung für bestimmte Tätigkeiten durchliest oder mithilfe einer VR-Brille diese selbst durchführt.

Was für viele von uns mit VR immer noch Neuland darstellt, ist für Technik-Nerds schon wieder kalter Kaffee. AR – also Augmented Reality – heißt die Weiterentwicklung und bedeutet »erweiterte Realität«. Kann es noch realer sein als real? Mehr anders real. Dabei wird die reale Umgebung durch virtuelle Objekte ergänzt. Anders also als bei Virutal Reality, in der es künstlich erzeugte Welten gibt, funktioniert AR mit hauptsächlich realen Bildern. Angenommen, Sie sind Mechatroniker und stehen vor der geöffneten Motorhaube eines Autos. Dann wird Ihnen mit entsprechend programmierter

Software durch die Brille angezeigt, wo Sie nun im Motor bei welchem Problem welche Schraube zuerst lösen müssen.

Warum könnte das Thema Virtual Reality auch für Ihr Unternehmen wichtig sein, um für die Generation Z spannende Arbeitsplätze zu schaffen?

Weil eine junge Generation erwartet, dass ihr Arbeitgeber mit neuesten Technologien arbeitet. Die Betonung liegt in diesem Fall tatsächlich auf »erwartet«. Vor Kurzem kam ein Unternehmer auf mich zu und meinte: »Wir haben bei uns in neue Tablets investiert. Jeder der Mitarbeiter kann dieses nun beruflich und privat nutzen. Allerdings zeigte die Generation Z angesichts dieser Einführung nicht unbedingt einen übernormalen Enthusiasmus.« Und der Grund ist für mich klar: Weil sie moderne Technik erwarten. Sie sind damit groß geworden. Natürlich macht dann keiner Luftsprünge, wenn ein Unternehmen Tablets anschafft oder das Faxgerät abschafft.

Nochmal zusammengefasst: Es geht nicht darum, dass wir die Generation Z als undankbar ansehen sollten, weil sie neue Technologien voraussetzt, sondern darum, warum wir oftmals zur Verfügung stehende digitale Möglichkeiten nicht nutzen. Das ist für eine Generation, die nicht umsonst »Digital Natives« genannt wird, unverständlich.

Arbeiten und Lernen mit dem Gamification-Effekt

Für die Generation Z gibt es einen Effekt, den so gut wie alle kennen, auch wenn der Begriff dafür vielen nicht geläufig ist. Er nennt sich Gamification-Effekt und ist zurückzuführen auf die Spieleindustrie. Bereits 1989 mit dem ersten Gameboy von Nintendo startete eine neue Art der Spieleindustrie, die bis heute Milliardenumsätze generiert. Mit der ersten Spielekonsole von Sony 1994, der PlayStation, und natürlich der ständigen Weiterentwicklung von spielefähigen Computern werden beim ein oder anderen jetzt sicher Erinnerungen an die Kindheit und Jugend wach.

Für uns ist interessant, wie so ein Spiel – und zwar so gut wie jedes, das Sie weltweit spielen können – aufgebaut ist und was es mit unserem Gehirn macht. Denn Sie beginnen keines dieser Spiele, wenn Sie nicht einen ungefähren Plan davon haben, dass Sie, wenn Sie sich anstrengen, ein nächstes Level erreichen, stärker werden, virtuelles Geld verdienen und das Spiel irgendwann abschließen können.

Sie wollen Qualifizierungspunkte sammeln und sich weiterentwickeln. Jedes Computerspiel, das sich gut verkauft, ist gleich aufgebaut. Man beginnt damit, weiß aber schon, dass man nach kurzer Zeit stärker und besser wird, Belohnungen dafür bekommt, Superkräfte gewinnt, das nächste Level erreicht und gegen andere computergesteuerte oder reale Gegner antritt und seine Fähigkeiten unter Beweis stellt.

Das ist es, was uns an den ersten Gameboy fesselte und heute für andere Games gerne viel Geld ausgeben lässt. Aber noch viel wesentlicher ist folgende Beobachtung: Laut Christian Klein, CEO von SAP, haben Jugendliche heutzutage bis zu ihrem achtzehnten Lebensjahr ungefähr zehntausend Stunden Computerspiele gespielt. Eine enorme Zahl, die klarmacht, dass die Mechanismen jedes dieser Spiele verinnerlicht werden. Menschen wollen das haben, was sie schon kennen. Sie wollen das erfahren, womit sie positive Assoziationen verbinden. Die Spieleindustrie baut daher ihre Spiele immer nach der gleichen Vorgehensweise auf.

Und die Weiterbildungsindustrie wendet bei ihren Angeboten für Auszubildende, Mitarbeiter und Führungskräfte schon längst dasselbe Prinzip an. Sie nennen es »Gamification«, was zu Deutsch so viel wie »Spielefizierung« bedeutet und damit das Übertragen von spieletypischen Elementen auf spielfremde Zusammenhänge beschreibt. Es ist völlig egal, welche Lernplattform Sie nehmen: Vocanto, Simpleclub, Cornelsen eCademy oder Prozubi.

Gamification ist keine Spielerei! Sie eröffnet neue Horizonte.

Gamification ist nicht zu verwechseln mit herkömmlichen Anreiz- und Belohnungssystemen. Es geht nicht um externe Trigger. Die intrinsische Motivation ist das, was wir mit der Spielefizierung wecken. Der Fokus liegt auf dem persönlichen Fortschritt statt auf der Belohnung. Gamification bedeutet, durch das persönliche Investment entstehen Fortschritt und persönliche Entwicklung. Einsatz findet die Gamification in vielen Bereichen, die weit über die Ausbildung hinausgehen. Mögliche Einsatzbereiche sind:

- Recruiting beim Testen der Qualifikation von Bewerbern,
- Onboarding mit einer digitalen Schnitzeljagd und mehreren Teams zum Kennenlernen des Unternehmens,
- Marketing für die Gewinnung neuer Kunden,
- Mitarbeiterfortbildung (ähnlich angewandt wie bei den genannten Lernplattformen),
- Vertrieb für die Ankurbelung des Wettbewerbs mit Auszeichnungen und Rankings,
- Gesundheitsmanagement mit Wettbewerben bei den Mitarbeitern.

Sie erkennen, dass es hier nicht um eine Spielerei geht und auch Sie mit ein bisschen Brainstorming in ihrem Unternehmen oder Ihrer Abteilung eine ganz andere Energie erzeugen können!

Zwei konkrete Beispiele zum Einsatz von Gamification

Beispiel eins: Ein lustiges und zugleich enorm erfolgreiches Beispiel möchte ich Ihnen nicht vorenthalten. Der weltweit bekannte Pizzalieferant Domino's sagte sich eines Tages: Wenn Formel-1-Fahrer vom Simulator lernen können, wie man einen Rennwagen fährt, wieso können dann Pizzabäcker nicht durch ein Spiel lernen, wie man Pizza backt? Es entstand eine Mischung aus Spaß- und Marketingkampagne, bei der Domino's in seiner App den Gamification-Ansatz integrierte. So wurde jeder Nutzer der Bestell-App automatisch zum Pizzabäcker und konnte seine eigene Lieblingspizza kreieren. Je besser die Pizza wurde, desto mehr Punkte konnte man sammeln und am Ende sogar seine kreierte Pizza nach Hause bestellen. Die besten Pizza-

App-Bäcker bekamen am Ende einen Job bei Domino's. Mit dieser Kampagne fand das Unternehmen aber nicht nur neue Pizzabäcker, sondern steigerte seinen Umsatz um sage und schreibe dreißig Prozent! Ein fantastisches und Mut machendes Beispiel im Bereich Marketing.

Beispiel zwei: Als Trainer und Personalberater habe ich auch mit einigen Unternehmen im Bereich Gamification zusammengearbeitet. Eines davon war Actionbound. Das Unternehmen bietet mit seiner App eine digitale Schnitzeljagd an. Egal ob für Onboarding-Prozesse oder Mitarbeiter-Events: mit dieser App lassen sich unternehmensspezifische Spiele kinderleicht selbst programmieren und sorgen für Spaß, nachhaltiges Lernen und ein Team-Gefühl. Die App gibt in einem Grundgerüst diverse Gestaltungsmöglichkeiten zur Auswahl. Einige Unternehmen verwenden die digitale Schnitzeljagd bereits standardmäßig bei Onboarding-Prozessen, andere bei Mitarbeiter-Events oder bei Fortbildungen.

Wenden Sie das Gamification-Prinzip an, um Aufgaben, Kommunikation und Wissen modern zu gestalten. Sie können das in Offline-Bereichen oder digital auf Webseiten oder in Apps einsetzen. Ganz gleich, ob es sich um Belohnungssysteme, Fortschrittsbalken oder Feedbackelemente handelt – Sie sorgen für mehr Interaktion und Motivation bei Mitarbeitern und Kunden. Und wenn Ihnen das als Begründung noch nicht ausreichen sollte: Das Bundesministerium für Bildung und Forschung bezeichnet Gamification als einen prägenden gesellschaftlichen Trend bis zum Jahr 2030.

Julius Arntzen, einer meiner Interviewgäste im »Generation-Z-Talk«-Podcast, ist Vertreter der Generation Z und Unternehmer in der Fensterreinigungsbranche. Er nutzt den Gamification-Effekt für sich und seine Mitarbeiter in der täglichen Arbeit und meint dazu Folgendes: »Aus meiner Sicht gibt es da eindeutige Parallelen zwischen Computerspielen und Mitarbeiterführung beziehungsweise -entwicklung. Spiele sind immer so aufgebaut, dass man mit immer besserem Equipment und komplexeren Aufgaben auch mehr Verantwortung übernehmen kann. Und das ist zielführend. Denn diese Perspektive, die Computerspiele geben, wenn man damit »arbeitet« und Leistung bringt, kann man auf das Berufsleben übertragen. Wenn Führungskräfte verstehen, dass sie dieses Prinzip für sich übernehmen könnten, wäre bereits vielen weitergeholfen.«

7.4 Must-have vier: berufliche Perspektiven

Bei einem Besuch eines Gymnasiums in meiner Funktion als Berufsorientierungstrainer hatte ich auf meinem Programm einen ganzen Tag mit einer neunten Klasse. Ich kam morgens an, betrat das Klassenzimmer und begann mit meiner üblichen Eröffnung: »Guten Morgen zusammen. Ich freue mich, heute mit euch einige Berufsbilder genauer anzuschauen mit dem Ziel, dass einige von euch am Ende dieses Tages eine genauere Vorstellung haben, welcher Beruf möglicherweise für sie infrage kommt«. Daraufhin meldete sich ein Schüler namens Yunus und meinte: »Müssen wir das denn heute machen?«. Ich war zuerst etwas verwirrt und erklärte ihm, dass es nicht schlecht wäre, wenn er eine Idee hätte, was er denn nach der Schule machen wolle, worauf er erwiderte: »Schon klar, aber vielleicht gibt es die Berufe, die wir heute raussuchen, gar nicht mehr, bis wir mit der Schule fertig sind?! Sie wissen schon: künstliche Intelligenz und Roboter werden da einiges verändern.«

Spannend, war mein erster Gedanke. Und beängstigend zugleich. Nicht nur, dass dieser junge Mann vermutlich recht hat mit dem, was er sagt, sondern auch, dass sich ein Jugendlicher über die Zukunft der Arbeitswelt offenbar mehr Gedanken machte, als ich das bisher tat. Wir verfallen doch allzu schnell in den Glauben, unsere Jobs könnten so schnell nicht durch einen Roboter ersetzt werden. Aber wer garantiert das eigentlich? Yunus befasste sich einfach nur mit den Persönlichkeiten auf Social Media, die er interessant fand und die einen Einfluss auf Zukunftstechnologien haben. Vermutlich wusste er mehr über die Möglichkeiten der Technologie als die meisten Erwachsenen, die morgens Zeitung lesen und abends Nachrichten schauen.

Ich habe mir daraufhin einen Experten zu diesem Thema in meinen Podcast eingeladen. Dr. Philipp Reisinger ist Future Manager und beschäftigt sich seit vielen Jahren unter anderem mit der Frage, welche Berufe es in wie vielen Jahren in der heutigen Form noch geben wird.

Seine Antwort auf diese Frage: »Unsere Prognosen gehen davon aus, dass fünfundvierzig Prozent der Mittelstandsberufe, so wie wir sie heute kennen, in zwanzig Jahren in dieser Form nicht mehr bestehen werden.« Da hatte Yunus teilweise richtiggelegen mit seiner Theorie. Es wird sich nicht innerhalb weniger Jahr bewahrheiten, aber es wird ein immer ernster zu nehmendes Thema sein.

Dabei dürfen wir – und vor allem Arbeitgeber, die um die Attraktivität verschiedener Berufsbilder kämpfen – nicht vergessen, dass gewisse Berufe auch wesentlich interessanter werden.

Interessanter unter dem Aspekt der körperlichen Anstrengung zum Beispiel. Ich spreche von Exoskeletten und Superkräften für Handwerker 4.0. Das macht viele Berufe wieder attraktiv. Die Drohne ersetzt beim Dachdecker die Leiter, die autonom navigierende Karre transportiert für den Maurer die Steine, der Metall-3-D-Drucker erzeugt auf der Baustelle vergriffene Ersatzteile und das Kücheninterieur planen Tischler und Kunde zusammen mit der VR-Brille in virtuellen Welten. Das ist teilweise bereits Realität.

Die Schreinerei Suske im Schwarzwald arbeitet bereits mit modernsten Technologien und überrascht regelmäßig Schüler, Interessierte und Bewerber, die mit dem Beruf des Schreiners eher ein verstaubtes Image verbanden. Eine der größten Herausforderungen ist dabei nur noch, dass die moderne Beschreibung des Berufsbilds Schreiner in den Schulen überhaupt noch nicht angekommen ist. Die Bewerberzahlen wären ansonsten vermutlich bei vielen handwerklichen Unternehmen höher, weil sie von der jungen Generation als modern wahrgenommen werden würden.

Fünfundvierzig Prozent der Mittelstandsberufe wird es in zwanzig Jahren so nicht mehr geben. Und nun?

Die Generation Z sucht zunehmend nach Orientierung – auch auf die berufliche Zukunft bezogen. Ein wichtiges Kriterium lautet daher »Weiterbildung«, das zusammen mit der Frage so formuliert wird: »Was tut dieses Unternehmen, um mich weiterzubilden, damit ich in ein paar Jahren noch marktgängig bin?« Wissen verdoppelt sich alle vier Jahre. Ein weiteres Kriterium ist die Sinnhaftigkeit.

Und Dr. Reisinger sieht bei diesem gedanklichen Ansatz die Generation Z klar im Vorteil, denn er sagt: »In Zukunft werden die Dreißig-, Vierzig- und Fünfzigjährigen ihre Jobs verlieren und nicht auf die Jobs vorbereitet sein, die neu entstehen.«

Die einzige Versicherung, um gegen jedes Zukunftsszenario gewappnet zu sein, scheint also die ständige Weiterentwicklung mit kleinen Qualifizierungsbausteinen. Dass die junge Generation in die richtige Richtung denkt, bestätigt auch das Institut für Arbeitsmarkt- und Berufsforschung, kurz IAB. Laut einer Erhebung haben nämlich die Nutzung von Robotern und die zunehmende Digitalisierung in der Wirtschaft 4.0 etwa genauso viele Jobs geschaffen, wie vernichtet wurden (Stand 07/2019). Wir werden also nicht alle arbeitslos, sondern dürfen uns vielmehr auf neue Herausforderungen freuen, die wir dann erfolgreich meistern, wenn wir uns darauf vorbereiten.

7.5 Stimmen von Unternehmenslenkern und engagierten Z-lern

Vier Aspekte hatte ich in den bisherigen Zeilen genannt, die aus meiner Erfahrung und nach Gesprächen mit Hunderten Unternehmenslenkern und jungen Menschen jedes Unternehmen zum Erfolg führen werden. Ich möchte Ihnen nun ein paar Stimmen und damit Ausschnitte aus meinen Podcast-Interviews präsentieren, die aus ihrer Sicht darstellen, was für sie moderne Führung und Must-haves im Unternehmen ausmachen.

Robert Humenny – Generation-Z-Führungskraft

Robert Humenny ist aus der Generation Z und ein sehr spannender Gast. Das Besondere bei ihm ist nämlich, dass ich ihn 2017 zum ersten Mal interviewte. Damals absolvierte er während seines Studiums ein Praktikum und sammelte erste Erfahrungen in der Arbeitswelt. Fünf Jahre später haben wir uns wieder verabredet. 2022 gab er ein zweites Interview für meinen Podcast und wir stellten fest, dass seine Erwartungen und Wünsche an einen modernen Arbeitgeber nicht nur identisch geblieben sind, sondern er inzwischen auch bei genau so einem Wunsch-Arbeitgeber arbeiten darf. Er fand ein junges dynamisches Unternehmen in der Automobilindustrie und ist dort inzwischen Führungskraft. Gleich zu Beginn stellte ich also wieder meine ihm schon bekannte Frage: Was erwartet die Generation Z von der Arbeitswelt?

Robert: *Arbeitszeit ist auch Lebenszeit und wenn wir sehen, dass es kein Problem ist, einen Job zu beginnen oder auch wieder zu beenden, ohne dass irgendetwas passiert, ohne dass ich nicht ohnehin finanziell abgesichert bin, egal welche Entscheidung ich treffe, dann werden materielle Dinge in den Hintergrund gestellt, sie verlieren an Wert. Stattdessen stehen eher persönliche Aspekte im Vordergrund. Ich möchte einen Sinn in der Arbeit sehen. Ich möchte sagen können, dass das mein Impact in der Arbeit ist, was ich persönlich geliefert habe. Damit identifiziere ich mich und darauf bin ich stolz. Das bildet mich und meine Persönlichkeit weiter. Diesen wesentlichen Punkt nehmen viele Unternehmen nicht wirklich wahr beziehungsweise sie haben sich darüber bisher zu wenige Gedanken gemacht. Sie sollten jungen Berufseinsteigern Möglichkeiten bieten und sagen: Hey, wir bieten dir eine Bühne und du kannst sie gerne nutzen und wir fördern dich dabei, damit du für uns eine gute Arbeitskraft wirst und dich mit deiner Arbeit identifizieren kannst. Und dadurch entsteht dann eine größere Bindung. Wenn dieser Aspekt der Sinnhaftigkeit dann noch mit Wertschätzung kombiniert wird, ist das eine absolute Win-win-Situation. Nicht nur eine Nummer im Unternehmen zu sein, sondern Teil des Unternehmens, ist das, was mich antreibt. Denn dann weiß ich, dass ich nicht nur irgendeinen Output mit meiner Arbeit generiere, sondern auch* *wahrgenommen werde als Mensch. Der Vorgesetzte sollte seinen Mitarbeiter loben und wertschätzen, was durch ihn und seine Arbeit erreicht wurde. In meinem Job eines Start-up-Unternehmens sehe ich, wie das Unternehmen wächst und welchen Einfluss ich als Mitarbeiter darauf habe.*

André Panné – Geschäftsführer beim Software-Entwickler RODIAS

André Panné ist seit drei Jahren Geschäftsführer bei der RODIAS GmbH, einem Software-Entwickler aus Weinheim. Das Unternehmen wurde 1984 gegründet und hieß bis vor wenigen Jahren WIS – Gesellschaft für integrierte Systemplanung. Das Unternehmen schreibt Software für Kernkraftwerke sowie Standardsoftware zum Thema Instandhaltungssoftware für die Industrie. Es geht insgesamt um Wartung, Instandhaltung von hochkomplexen Anlagen, die mit intern entwickelten Modulen abgebildet werden. Insgesamt arbeiten bei RODIAS rund einhundertfünfzehn Mitarbeiter. Panné selbst hat ursprünglich nach einem abgebrochenen Elektrotechnik-Studium Philosophie mit dem Schwerpunkt Kognitionswissenschaften und Organisationspsychologie studiert.

Felix: *Wann war für dich der Zeitpunkt gekommen, dich noch intensiver mit der Generation Z als zukünftige Fachkräfte zu beschäftigen?*

André: *Es ist ein wichtiges Thema, wie wir mit den nächsten Leuten, die zu uns stoßen, sinnvoll umgehen. Als ich vor dreieinhalb Jahren dazugestoßen bin, war eine der Herausforderungen, dass wir ziemlich überaltert waren, wir hatten ein Durchschnittsalter von siebenundvierzig Jahren. Mir war klar, dass wir, wenn wir eine Zukunft haben wollen als IT-Unternehmen, die nächste Generation beachten müssen und schauen, wie wir sie dazu bringen, uns wahrzunehmen und mit uns arbeiten zu wollen.*

Bei uns gab es unterschiedliche Einstellungswellen von Mitarbeitern. Zum einen die, die mit der Firma eingestiegen sind und jetzt seit rund dreißig Jahren im Unternehmen sind. Die gehen jetzt in den nächsten Jahren in Pension.

Die zweite Generation ist die aktive Managementschicht, die etwas jünger ist, und darunter wurde es dann relativ dünn mit Personal. Das Problem ist, dass ein Unternehmen wie eine Pyramide aussehen muss, damit junge Leute mit neuen Ideen aufsteigen können und immer genügend Leistung gegenüber dem Kunden geliefert werden kann. Und wir hatten leider keine Pyramide und das konnte auf Dauer nicht gut gehen.

Deshalb war eine der ersten Maßnahmen, die ich getroffen habe, dass ich das Thema Recruiting und Personal aufgestockt habe und mit Werkstudenten zusätzlich Power reingeholt habe. Einen der Werkstudenten haben wir jetzt auch fest angestellt für Social Media und Employer Branding. Und so ist es uns gelungen, uns auch sichtbar zu machen, und vor allem durch die vielen jungen Leute, die wir eingestellt haben – inzwischen sind es etwa dreißig bis vierzig Z-ler –, neues Leben und neue Ideen in das Unternehmen zu bringen, was eine gewisse Eigendynamik entwickelt.

***Felix:** Was habt ihr genau gemacht, die Gamechanger, die neue junge Leute angezogen haben?*

***André:** Die entscheidenden Themen waren die Analyse der Altersstruktur im Unternehmen, dann die Frage, was benötigt wird, um zu wachsen, und dann einige kulturelle Änderungen. Ich war lange in Start-up-Unternehmen, hatte eigene Gründungen und war in amerikanischen Unternehmen tätig, und daher kommen auch gewisse Vorstellungen, die ich mitgebracht habe.*

Eines der ersten Dinge war die Du-Kultur. In einem IT-Unternehmen ist das Siezen eher unüblich und schafft für mich eine künstliche Distanz. Wir haben das Du eingeführt ohne irgendwelche Beschwerden. Da sind alle mitgegangen.

Des Weiteren habe ich versucht, eine recht offene Führungskultur vorzuleben, und zwar so, dass diese auch andere Führungskräfte übernommen haben. Es geht dabei um Transparenz bei Herausforderungen, die im Unternehmen anstehen, und darum, diese anzusprechen, statt sie gegenüber der Belegschaft zu vernebeln. Das Gleiche gilt gegenüber dem Betriebsrat. Das, was vorgelebt wird, überträgt sich dann auf alle nachfolgenden Führungsebenen im Unternehmen.

Ein weiterer Punkt war, dass wir die traditionell gewachsenen Organisationsstrukturen verändert haben. Wir haben versucht, nicht Titel und Befugnisse in den Vordergrund zu stellen, sondern Mitarbeiter zu führen, die von sich aus sagen »Ich übernehme die Verantwortung für dieses Thema«. Und das kann fast alles sein, ob es die Verantwortung für die Kaffeemaschine in der Küche ist oder ein Zwei-Millionen-Euro-Projekt. Entscheidend ist, dass der Mitarbeiter in der Verantwortung, die er übernimmt, ernst genommen wird. Unabhängig von Alter oder davon, wie wichtig oder unwichtig die Rolle ist. Ich bin überzeugt, dass wir Menschen wirklich ernst nehmen müssen mit der Rolle, die sie haben. Nur dann entsteht Leistung, Selbstverantwortung und das, was dazu führt, dass eine größere Dynamik in ein Thema fließt. Das ist eine Kernüberzeugung von mir.

***Felix:** Wie lange hat der Prozess gedauert, bis ihr auch für junge Mitarbeiter ein wirklich attraktiver Arbeitgeber wart, und was waren die ausschlaggebenden Veränderungen?*

***André:** Es war ein jahrelanger Prozess und ist es immer noch. Und es gab auch Skepsis, zum Beispiel bei kulturellen Veränderungen, da waren viele Mitarbeiter, die mich erst mal als neuen Geschäftsführer kritisch betrachten haben. Umso wichtiger war es genau dann, mit einer klaren, transparenten Art der Kommunikation Vertrauen zu schaffen. Erst durch Vorleben und Einfordern dessen, was ich erzähle, kommen Erfolge. Dazu gehört auch das Lösen von Problemen. Die Frage, wie wir damit umgehen, ist wichtig. Herausforderungen nicht zu verheimlichen, sondern offen anzusprechen. Und gerade bei Dingen, die »immer schon so gemacht wurden«, stößt man erst mal auf Widerstand. Warum sollte man Prozesse ändern, die noch nie einer hinterfragt hat?! Genau da muss man in Kommunikation gehen. Das ist das, was Führung ausmacht und was übrigens auch die junge Generation fordert. Sie wollen ein ernst-*

haftes Ringen erleben. Keiner will etwas einfach nur vorgesetzt bekommen, sondern sich einbringen, mitdiskutieren, ernst genommen werden und seine Perspektive mit einbringen und dann sehen, wie man zu einer Lösung kommt und warum irgendwas so ist, wie es ist.

Und auf diese Forderung der Jungen muss man eingehen – übrigens auch die Alten, die sich daran auch Stück für Stück gewöhnen werden.

Felix: *Gibt es da Unterschiede zwischen den Generationen beim Thema »Sich mit einbringen in Prozesse«?*

Panné: *Ältere Mitarbeiter haben tendenziell eher die Angewohnheit, in einer Sit-and-wait-Position zu sein und aus Erfahrung weniger Vorschläge einzubringen, weil sie es kennen, dass Vorschläge oft nicht gern gesehen sind bei Vorgesetzten. Es dauert, bis das Vertrauen entsteht, das ihnen zeigt, dass das eben nicht mehr der Fall ist, dass niemand vorgeführt oder öffentlich verurteilt wird, sondern dass wir in diesem manchmal emotionalen, aber immer lösungsorientierten Bestreben bleiben.*

Felix: *Vertrauensvorschuss statt Misstrauensvorschuss. Welche Bedeutung hat das bei dir?*

André: *Am Ende ist es ganz entscheidend, dass man Menschen einen Freiraum gibt in der Rolle, die sie innehaben, damit sie dort auch frei handeln dürfen. Wenn du die Fäden nicht loslassen kannst und bis ins letzte Detail reindirigieren willst, dann muss es scheitern. Bei mir war es wie ein Spannungsbogen, als ich von außen in das Unternehmen kam und gewisse Dinge auch aufräumen wollte. Bei manchen Entscheidungen musste ich mich auch durchsetzen, weil ich sonst auch irgendwo meine Aufgabe nicht erfüllt hätte, die ich als Geschäftsführer habe. Ein paar Strukturen sind wichtig. Die musst du setzen. Das ist wie beim Hausbau. Aber danach kann ich nur betonen, viel loszulassen, was immer erst mal eine Herausforderung ist. Vor allem ältere Mitarbeiter sind es gewohnt, im Detail gesteuert zu werden. Diejenigen Kollegen von mir* *in ähnlichen Positionen, die das nicht können, haben es wahrscheinlich sehr schwer mit jungen Menschen, weil sie das als eine kontinuierliche Konfrontation erleben und dann mit Abwehrhaltungen reagieren, was destruktiv wirkt.*

Bei uns bekommt auch der Werkstudent sinnvolle Arbeiten. Wir haben den nicht, damit er rumsitzt oder Kaffee kocht. Der muss eine Aufgabe behandeln, und zwar eine sinnvolle. Die machen auch Fehler, aber die werden dann korrigiert und wir lernen alle gemeinsam daraus.

***Felix:** Wo siehst du die Nachteile beim ständigen Willen junger Menschen, überall mitzuentscheiden?*

***André:** Zunächst hast du recht, denn die junge Generation lernt in Schule und Elternhaus bereits viel stärker mitzuentscheiden. Was sie nicht immer lernen, ist, dass mit Entscheidungen auch Verantwortung einhergeht und Verantwortung getragen werden muss. Wenn die merken, dass sie eine falsche Entscheidung getroffen haben, müssen sie lernen, eine Lösung dafür zu finden oder mindestens gemeinsam im Team eine Lösung zu finden. Auch das ist Verantwortung und gehört zur Entscheidung dazu.*

***Felix:** Wie setzt ihr projektorientierte Arbeit um, wie sie Aldi, Lidl und Co beispielsweise mit ganzen Azubi-Filialen erfolgreich vorleben?*

***André:** Wir machen solche Projekte auch. Wir mischen Teams mit Werkstudenten, BA-Studenten, Azubis und setzen sie auch bei echten Kundenthemen ein. Wir praktizieren Learning by Doing – ausprobieren und erleben, was passiert. Dabei entsteht dann auch der Lernprozess, offen und konstruktiv mit Dingen umzugehen, die nicht funktionieren. Das ist etwas, das ich aus meiner Start-up-Zeit mitgenommen habe. Die Fehlerkultur hinkt in Deutschland noch hinterher. Ich erinnere an die Fuckup-Nights, bei denen man sich vor eine Gruppe stellt und über seine Fehler spricht – und was man daraus gelernt hat.*

Felix: *Wie wichtig sind monetäre und materielle Benefits? Ich erlebe immer öfter Angestellte, die gekündigt haben, obwohl sie scheinbar alles bekommen haben.*

André: *Ich glaube, wir versuchen, mit alten Antworten neue Fragen zu beantworten. Klar, jeder will eine Anerkennung für seine Leistung und eine Art der Anerkennung ist sicher Geld. Aber ich glaube auch, dass wir in einer Zeit leben, in der eine Generation bereits gesättigt ist mit Konsumgütern. Im Allgemeinen besitzen sie schon relativ viel und kennen die Situation eher weniger, nichts zu besitzen. Von daher verliert Geld an Bedeutung. Was dafür wichtiger wird, ist das Thema Sinnhaftigkeit. »Fühle ich mich wohl bei dem, was ich tue? Mit wem arbeite ich zusammen und welche Leute sind das mit welchen Werten?« Wenn die Generation Z merkt, dass im Unternehmen etwas nicht stimmt, ein Spiel der Machthaber gespielt wird, dann sind die zu Recht auch schnell wieder weg.*

Ich hatte vor Kurzem eine Welcome-Runde, bei der wir unsere neuen Mitarbeiter begrüßt haben. Und da kam einer auf mich zu und sagte: »Ich hab dein LinkedIn-Profil angeschaut und gesehen, dass du bereits dreizehn Mal das Unternehmen in deinem bisherigen Berufsleben gewechselt hast. Würdest du uns das auch empfehlen?« Ich erklärte ihm, dass ich ein Unternehmen verlasse, wenn es mir nicht mehr gefällt oder ich nicht mehr an das Unternehmen glaube, und dass ich das auch jedem meiner neuen Mitarbeiter empfehle. Das Leben ist viel zu kurz, um etwas zu tun, was einem nicht gefällt. Und wir als Arbeitgeber müssen es schaffen, Firmen zu bauen, die so sind, dass die Menschen dran glauben können.

Felix: *Thema Marketing. Du und das Unternehmen RODIAS sind schnell auffindbar in Internet und Social Media. Ist das entscheidend für eure Bewerber, weil ihr dadurch transparenter seid?*

André: *Wir haben zwei Aussagen von Bewerbern. Das eine ist, dass sie unser Kununu-Rating anschauen, und das ist ganz gut und wir sind recht weit oben gelistet. Dort haben wir eine gute Anzahl von Bewertungen auch von Bewerbern, die sich vielleicht nicht für uns entscheiden und trotzdem eine Bewertung abgeben. Das andere ist meine Sichtbarkeit als Geschäftsführer. Und das ist nicht immer ganz einfach. Vertraglich darf ich mich nicht zu gesellschaftlichen oder politischen Themen öffentlich äußern. Ich denke, dass ich zwar keine Extrempositionen aufbauen sollte, andererseits habe ich auch eine öffentliche Verantwortung in meiner Geschäftsführungsrolle. Ich würde meinem Unternehmen mit meinen Aussagen nie schaden, aber alles, was politisch sauber und ordentlich ist, gehört für mich als Geschäftsführer – und ich finde auch für jeden anderen Bürger –, zur Pflicht, meine Meinung zu äußern. Ansonsten kann eine Demokratie nicht funktionieren. Und das versuche ich und lasse mir das auch nicht nehmen. Was ich sage, muss man nicht mögen, und ich nehme auch an, dass nicht alle meine Mitarbeiter immer alles, was ich poste, mögen. Aber es geht um Transparenz. Menschen wollen wissen, mit wem sie es zu tun haben. Ich denke, dass das für Bewerber ein Grund sein kann, zu uns zu kommen – vielleicht auch ein Grund sein kann, nicht zu kommen. Aber besser ist es doch, sie sehen vor ihrer Bewerbung, was das für ein Typ an der Spitze ist, als dass sie es hinterher sehen. Man muss bei unserem Unternehmen wissen, dass wir als Dienstleister für die Nuklearindustrie nicht gerade zu dem Teil der Bevölkerung gehören, der Kernkraftwerke gleich abschalten will. Und dementsprechend äußere ich auch öffentlich auf LinkedIn meine kritische Position zum Nuklearausstieg, so wie dieser von der Politik gemacht wurde.*

Felix: *Ihr unternehmt vieles im Marketing. Kannst du uns nochmal erklären, wie ihr konkret junge Menschen ansprecht?*

André: *Wir sind sehr breit unterwegs und von klassischen Marketing-Kanälen bis hin zu Instagram aktiv. Wir gehen aktiv auf unsere Zielgruppe zu und das beginnt mit Anzeigen und Kontakten wie zum Beispiel regionalen kleinen Zeitschriften von Sportvereinen, um möglichst überall sichtbar zu werden. Des Weiteren besuchen wir regionale Ausbildungsmessen, wir präsentieren uns* *bei Veranstaltungen von Universitäten, wir sind auf Online-Personal-Messen. Außerdem sind wir aktiv auf Facebook, LinkedIn, aktuell noch etwas bei Xing, Instagram.*

Gerade bei Instagram versuchen wir, die junge Zielgruppe anzusprechen,indem wir viele realistische Bilder aus unserem Alltag zeigen. Das machen bei uns junge Mitarbeiter, die mit ihrem Smartphone durch das Unternehmen laufen und Bilder machen, die nicht gekünstelt oder gestellt sind. Manchmal klopfen die an meine Tür und wollen ein Video-Statement zu etwas haben. Und das geht dann unbearbeitet so raus. Ich schaue da übrigens auch nicht mehr drüber. Und wenn das mal nicht alles super perfekt gesprochen ist, dann ist das völlig in Ordnung. Da darf man sich selbst nicht übermäßig wichtig nehmen. Denn daraus entsteht eine gewisse Authentizität im Außenbild, die trägt.

***Felix:** Was erwartet Führungskräfte in den nächsten Jahren, was kannst du als letzten Tipp mitgeben?*

***André:** Traut euch! Das ist das Hauptthema. Wir müssen uns in jeglicher Hinsicht mehr trauen. Wir sind aktuell sehr auf Absicherung bedacht in Deutschland. Alles muss tausendfach geprüft und zertifiziert sein. Aber so läuft das nicht. Wir hätten hier überhaupt keine Industrie, wenn vor einhundertfünfzig Jahren unsere Gründerväter so getickt hätten.*

Wir müssen wieder in einen Modus kommen, in dem wir uns Sachen trauen. Dazu gehört auch, dass man Social Media ausprobiert und nicht Angst hat, sich vielleicht zum Narren zu machen. Das ist nicht schlimm. Das tut am Ende auch keinem weh. Man könnte auch einfach mal sagen, wir holen uns mal so ein junges Start-up ins Unternehmen und lassen uns mal erzählen, was die so machen, und dann geben wir mal einen Teil unseres Marketingbudgets aus und probieren mal eine neue Sache, auch wenn sie nicht schon tausend Jahre vorher geprüft wurde. Dazu gehört, auch intern bei Innovationsprozessen mit Kunden sich über den Tellerrand hinaustrauen, sich trauen, neue Teamfelder zu besetzen ohne lange strategische Prüfung zuvor. All diese Themen haben viel mit Mut zu tun und damit, keine Angst davor zu haben, auch mal scheitern zu können. Es ist sogar fast schon eine gewisse Suche, auch mal irgendwo zu scheitern, weil man dann den nächsten Schritt zum Erfolg machen kann. Wenn man immer versucht, nicht hinzufallen, kann man nicht Skifahren oder Fahrradfahren lernen. In der Unternehmenswelt muss man das Risiko auf sich nehmen, sich mindestens ab und zu mal ein aufgeschürftes Knie zu holen, und dadurch schafft man einen großen Schritt nach vorne. Wenn wir uns als Firmen nichts mehr trauen und als Land nichts mehr trauen, dann haben wir irgendwann ein Problem.

Ich empfehle jedem, den Unternehmensauftritt auf Social Media von RODIAS einmal anzuschauen und sich natürlich auch gerne mit André Panné auf LinkedIn zu vernetzen.

Wir müssen wieder in einen Modus kommen, in dem wir uns Sachen trauen.

8.

»Vorgesetzter« war gestern – Coach, Mentor, Kuschelfaktor

In den vorangegangenen Kapiteln haben wir gesehen, dass sich Erziehungsstile im Elternhaus, Schule und Medienkonsum massiv verändert haben. Klassische hierarchische Führung im Stil von Command and Control erreicht heute niemanden mehr. »Wenn Sie bei der Generation Z in Ihrer Rolle als Führungskraft nur Vorgesetzter sein wollen, suchen Sie sich besser einen anderen Job«. So beginnt ein Kollege von mir seine Führungskräfte- und Ausbilder-Trainings. Denn die Rolle der Führungskraft hat sich verändert, weil sich die Rolle von Eltern verändert hat.

Eltern sind schon lange nicht mehr nur Eltern. Sie sind auch Animateure, Lehrer, Fahrer, Mentoren, Coaches und natürlich Erzieher. Die Vielzahl der Rollen soll dafür sorgen, dass ihre Kinder nur die allerbeste Erziehung erfahren sollen, die es gibt. Das Problem dabei ist nur, dass unter guter Erziehung fast jeder und jede Generation etwas anderes versteht. Und das bedeutet, dass sich Unternehmen, die frisch von zu Hause entlassenen jungen Menschen ein Beschäftigungsverhältnis anbieten, sich darauf einstellen müssen, dass die letzten achtzehn oder zwanzig Jahre Erziehung nicht spurlos vorübergegangen sind. Wer denkt: eine Führungskraft hat in einem autoritären Führungsstil seine Mitarbeiter zu führen, nur zu delegieren, ohne Vorschläge zuzulassen, der wird in seiner Rolle nicht lange glücklich bleiben.

Sie kennen wahrscheinlich die ein oder andere Fachliteratur über gute Führung. Das ganze Internet ist voll und nur beim Eingeben erster Suchbegriffe widersprechen sich diverse Experten, Blogs und Beratungsunternehmen. Das Ergebnis ist, dass viele Führungskräfte – nicht nur in Bezug auf die Generation Z – verunsichert sind, welchen Führungsstil sie verwenden sollten und wie sie ihre Rolle als Führungskraft heute ausfüllen können. Die Theorie ist aber immer das eine, die Praxis und das Verständnis zu entwickeln, welche Motivgründe Ihre Mitarbeiter haben, ist das andere. Und das ist aus meiner Sicht am erfolgreichsten. Zwei Gründe möchte ich Ihnen nennen, um zu verstehen, warum die heutige Rolle als Führungskraft ganz anders ist als noch vor einigen Jahren.

Sie sollten sich aber überlegen, ob junge Arbeitnehmer nicht mehr erwarten als nur einen Vorgesetzten. Es geht immer mehr um die Person hinter der Funktion. Welchen Weg ging die Führungskraft, um diese Position zu erlangen, wie holt sie mich ab, wenn Herausforderungen auftreten, bei denen es eher eine Art Coach oder Gesprächspartner benötigt. Und kann der Vorgesetzte auch derjenige sein, der beim Kochabend im Unternehmen einfach mal der lockere Typ ist und feiern kann?

Natürlich müssen Sie nicht alle Rollen erfüllen, um ein gutes Ansehen unter den Mitarbeitern zu genießen. Die Distanz sollte aber so weit wie möglich abgebaut werden, um nahbar, menschlich und transparent zu wirken.

8.1 Die Mischung macht's – altersgemischte Teams

»Ist es sinnvoll, ein Team nur aus Generation-Z-ler zusammenarbeiten zu lassen?« Das fragte mich eine Führungskraft und meine Antwort ist wie die eines Anwalts: Es kommt drauf an! Generell rate ich davon aber ab. Sie unterschätzen die Power, die gemischte Teams mit unterschiedlicher Lebens- und Arbeitserfahrung mit sich bringen. In meiner Zeit als Angestellter ergab sich durch verschiedene Zufälle in meiner Abteilung tatsächlich zuletzt ein Team, indem vier von fünf Mitarbeitern genau gleich alt waren. Sie waren alle am Anfang ihres Berufsweges und damit gut dreißig Jahre jünger als die fünfte Mitarbeiterin. Schnell entstand eine alles andere als gute Zusammenarbeit. Die ältere Mitarbeiterin fühlte sich nicht gehört, die jungen machten ihr eigenes Ding. Sie wussten aber viel weniger als die erfahrene Kollegin, ob es funktionierte, wie sie es planten. Die ältere Dame wusste zwar oft, dass es so nicht funktionieren würde, war aber müde, lehrerhaft sich immer durchsetzen zu wollen, und kapitulierte. Die Leistungen des Teams wurden schlecht, Fehler schlichen sich ein, der Zeiteinsatz jedes Mitarbeiters stieg, die Performance sank. Und dazu mussten dann Mitarbeiter aus anderen Teams und Abteilungen diese Fehler teilweise wieder bereinigen. Ein Worst-Case-Szenario. Und dass nur, weil die Führungskraft sich keine Gedanken über die passende Zusammensetzung eines Teams machte. Und sich dazu auch nicht wirklich helfend einbrachte, als abzusehen war, dass es so nicht funktionierte.

Es hätte entweder ein stärker altersgemischtes Team gebraucht, um in diesem Fall die guten Ergebnisse aus der Vergangenheit weiterhin zu erreichen. Alternativ oder ergänzend wäre eine stärker ermöglichende oder coachende Führung des Teams ein Weg gewesen.

Eines ist sicher: Altersgemischte Teams und die damit entstehenden Herausforderungen werden uns in den nächsten Jahren begleiten. Oft spreche ich in Unternehmen, in denen der Altersdurchschnitt eher hoch ist. Was bedeutet, dass diese Unternehmen demnächst jede Menge Babyboomer ersetzen müssen. Dann kommt der Denkfehler: Neunzig Prozent der Unternehmen stellen sich das leider falsch vor. »Es wird schon funktionieren« oder »Die sollen doch nur ihren Job machen, da ist es doch egal, wer wie alt ist« sind Aussagen, die ich oft höre. Wenn Sie dieses Buch bis hierhin gelesen haben, dann wissen Sie auch bereits, warum das nicht funktioniert. Sagen Sie zu den jungen Menschen auf deren Wunsch nach Modernisierung und Perspektive nur einmal »Das war schon immer so und bleibt so«. Sie haben die Kündigung schneller auf dem Tisch liegen, als Sie »TikTok« sagen können.

Was wir in einer Arbeitswelt, die sich durch Digitalisierung und künstliche Intelligenz stark verändert, brauchen, ist eine Mischung aus einem unglaublich großen Erfahrungsschatz der Generationen B und X gepaart mit der spielerischen Leichtigkeit der technikaffinen Generationen. Diese Verbindung wird Prozesse auf ein Level heben, das Roboter so schnell nicht erreichen werden.

In meiner Zeit als Ausbildungsleiter stand ich schon vor derselben Herausforderung. Die Azubis schalten und walten zu lassen, sie Dinge selbst organisieren und in Teams zusammenarbeiten zu lassen, war mein Wunsch. Mein damals ebenfalls junges Alter, eine geringe Arbeits- und Lebenserfahrung machten dieses Vorhaben allerdings zäh. Manchmal war der private Austausch mit Älteren nutzbringender als viele geschäftliche Brainstormings. Aufgrund der fehlenden Lebens- und Arbeitserfahrung konnten die Azubis in ihrer Rolle, die sie im Team zu erfüllen hatten, nur bedingt richtige Entscheidungen treffen. Ich überlegte mir also, wie ich auch in der Ausbildung diese Erfahrung mit einbringen konnte und kam auf folgende Idee: Es musste also anders laufen. Aber wie? Meine Idee von moderner Führung hing an der Achillesferse meines eigenen Alters. Ich überlegte mir, wie ich auch bei Menschen, die eine Ausbildung absolvieren, unterschiedliche Altersstufen zusammenarbeiten lassen konnte: Zunächst stellte ich nicht nur Azubis direkt nach ihrer Mittleren Reife ein, sondern mischte je nach Beruf auch Hauptschulabgänger und Abiturienten. Wenn möglich bildete ich auch junge Menschen aus, die bereits ein oder zwei Jahre gearbeitet hatten oder bereits studierten. Bei jungen Erwachsenen macht diese geringe Altersdifferenz bereits sehr viel in der persönlichen Entwicklung aus. So waren in den Teams dann Azubis und duale Studenten im Alter zwischen sechzehn und dreiundzwanzig Jahren. Um eine noch größere Altersabweichung zu bekommen, suchte ich zusätzlich Umschüler im Alter zwischen dreißig und vierzig Jahren, die nochmal einmal einen ganz anderen Wind in die Teams brachten. Wenn alles klappte, hatte ich dazu natürlich noch jeweils unterschiedliche Charaktere beisammen. Nicht jeder kann der geborene Anführer sein, nur schüchterne und introvertierte Mitarbeiter werden allerdings auch keine Projekte rocken können.

8.2 Like oder Dislike? Veränderte Feedbackkultur überfordert ältere Generationen

Ich möchte in diesem Kapitel auf die Besonderheiten in Feedbackgesprächen mit der Generation Z eingehen. Denn ohne passendes Feedback scheitert fast jede Führungsaufgabe, wenn es um die Generation Z geht. (Vergleiche hierzu auch das Kapitel »Wertschätzung und Feedback (mit Kuschelfaktor)«,

Seite 160 ff. Als Führender geben Sie durch Ihr Verhalten und Ihre Haltung bereits Feedback, bevor Sie überhaupt mit Einzelnen direkt sprechen.

Ein Feedbackgespräch mit einem Menschen der Generation Z braucht weiterhin Fingerspitzengefühl.

Wie oft sollte Feedback gegeben werden?
Ich spreche hier bewusst von Feedback und nicht von Feedbackgesprächen. Denn das Wort »Feedbackgespräch« würde den Blick schon zu stark verengen. Digital Natives kommen aus einer Welt des ständigen Feedbacks. Spätestens mit zwölf Jahren hatten die meisten ein eigenes Handy und haben sich im Durchschnitt vier Stunden pro Tag Feedback über Likes, Kommentare und Interaktionen auf Social Media geholt. Kein Like zu bekommen für den eigenen geposteten Beitrag, das Selfie oder neueste Video bedeutet nicht zu gefallen, nicht gut anzukommen und hat meist eine Rückwirkung auf den Selbstwert.

Im Arbeitsleben sollten deshalb regelmäßige Feedbackgespräche und tägliche sofortige Rückmeldungen stattfinden. Leider sieht die Realität anders aus. Laut der Studie »AzubiRecruiting-Trends 2020« von U-Form bemängeln 69,9 Prozent, dass sie selten bis niemals Feedback in Form eines »ausführlichen, individuellen Gesprächs« erhalten.

> **Mein Tipp zur Feedbackhäufigkeit**
> Finden Sie eine gesunde Mitte. Ein ständiges »Das hast du gut gemacht« wirkt übertrieben und versetzt einen zurück in die Kindheit, als Mama ständig lobte. Eine kurze Rückmeldung gepaart mit regelmäßigen ausführlichen Gesprächen weist jungen Menschen den Weg. In der Ausbildung oder im Onboarding macht das durchaus mindestens einmal pro Woche Sinn, nach der Einarbeitungszeit dann im Zwei-Wochen-Rhythmus.

Wann sollte die Führungskraft ein klassisches Feedbackgespräch mit Gen Z führen?

Zum einen selbstverständlich dann, wenn Sie merken, dass etwas in die falsche Richtung läuft, Fehler auftreten, die nicht passieren dürfen, oder auch die Leistung rapide sinkt und eventuell schwerwiegendere Probleme aus dem privaten Bereich mit eine Rolle spielen. Vor allem bei sehr jungen Menschen, die mitten in ihrer Entwicklung stecken, ist es ratsam, nicht nur in der Rolle als Vorgesetzter, sondern auch in der Rolle als Mentor und Coach in Gesprächen mit entsprechendem Fingerspitzengefühl die Nähe zu seinem Mitarbeiter zu suchen. Ein wenig Kuschelfaktor wird meist erwartet.

Wie sollte ein Feedback gebendes Gespräch aufgebaut sein?

Niemand mag es, schon beim Eintritt in das Büro des Chefs mit einem Vorwurf oder Fehler konfrontiert zu werden, bevor man sich überhaupt gesetzt hat. Das ist keine Generationenfrage, denn in meinen Trainings für werdende Führungskräfte habe ich in den Rollenspielen meistens festgestellt, dass es Menschen offenbar schwerfällt, mit Small Talk und ernsthaftem Interesse an etwas Positivem in ein Gespräch einzusteigen. Das ist wichtig, soll doch eine verbessernde Entwicklung angestoßen werden.

Mögliche Einstiege wären: »Ich habe das Gefühl, Sie fühlen sich allgemein wohl bei uns« oder »Herzlichen Glückwunsch noch zum Gewinn des abteilungsinternen Tischkicker-Turniers letzte Woche« oder »Ich habe gehört, Ihre Noten in der Berufsschule haben sich merklich verbessert. Das freut mich sehr für Sie«. Zeigen Sie ernsthaftes Interesse am Menschen, der vor Ihnen sitzt, unabhängig von dessen Leistungen. Kommen Sie erst dann zu Punkten, die vielleicht auch unangenehmer sind, und sprechen sie sie direkt an.

Vorsicht: Generation-Z-spezifisch

Besonders weil die Generation Z durch die beschriebenen Umstände in einer anderen Position ist als die Generationen vor ihnen, ist es ratsam, mit Fingerspitzengefühl Wertschätzung und auch Kritik zu äußern. Doch denken Sie daran, es könnte sein, dass die jungen Menschen vor Ihnen bisher wenig

Kritik erfahren haben. Das ist eine erwartbare Prägung aus dem Elternhaus. Führende halten dann die jungen Gesprächspartner für kritikunfähig, das ist aber falsch.

Für ein besseres Fingerspitzengefühl stellen Sie sich folgende Fragen: Mit welchen Apps am Smartphone verbringen die jungen Menschen die meiste Zeit? Was machen die da genau? Und bei welcher dieser Apps gibt es auch einen Daumen nach unten, also negatives Feedback? Richtig, bei KEINER.

Worauf sollte besonders geachtet werden?

Reden Sie nicht um den heißen Brei herum. Bei allem Fingerspitzengefühl sollten Sie trotzdem auf den Punkt kommen. Die Generation Z wird täglich mit circa viertausendfünfhundert Botschaften aus der Online- und Offline-Welt bombardiert. Zum Selbstschutz haben sie den wahrscheinlich besten Bullshitfilter im Vergleich mit den Älteren. Botschaften, die ungenau, nicht verständlich sind oder bei denen nicht klar ist, was denn nun zukünftig anders laufen sollte, kommen im Langzeitgedächtnis nicht an.

> **Mein Tipp**
> Achten Sie im Vergleich zu Gesprächen mit Mitarbeitern aus anderen Generationen besonders darauf, dass die Gen Z durchaus eine kürzere Aufmerksamkeitsspanne hat. Kommen Sie also auf den Punkt und sagen Sie genau, was nicht gut lief und was sich ändern muss. Fallen Sie aber nicht mit der Tür ins Haus, sondern nehmen Sie sich in geschütztem Rahmen Zeit für einen kurzen Small Talk, der Nähe aufbaut, bevor Sie kritische Punkte ansprechen.

Gen Z fühlt sich oft durch Kritik angegriffen. Wie lässt sich das vermeiden?
Kurze Antwort: Wenn Sie die Werte, Wünsche und Anforderungen der Z-ler tendenziell erfüllen oder mindestens zeigen, dass sie sich damit ernsthaft auseinandersetzen, wird Ihr Gegenüber Kritik tendenziell positiver aufnehmen und als Chance zum Verbessern einordnen. Wenn aber schon die

Beziehungsebene nicht passt, wird im Feedbackgespräch auf Durchzug geschaltet.

Ein Kollege von mir, der seit vielen Jahren Ausbilder schult, sagte einmal zu mir: »Ich empfehle inzwischen in Kursen mit angehenden Ausbildern, nur dann Personalverantwortung auch wirklich auszuüben, wenn weit über die formale Rolle hinausgedacht wird. Wer einfach nur Befehle im autoritären Führungsstil geben will, ist als Führungskraft für die Gen Z gänzlich ungeeignet.« Denn das bedeutet: Mitarbeiter verlassen in der Regel nicht ihr Unternehmen – sie verlassen ihren Vorgesetzten! Setzen Sie sich mit jedem einzelnen Mitarbeiter auseinander, wenn sie ihn nicht verlieren wollen. Fragen Sie, was er braucht, und Sie werden erfahren, durch welche Kommunikation Sie Nähe statt Distanz aufbauen.

Wie wichtig sind aufmunternde oder motivierende Worte in Feedbackgesprächen?
Würden Sie sich trauen, bereits in der ersten Woche eines neuen Arbeitsverhältnisses mitentscheiden zu wollen? Wahrscheinlich nicht. Die Generation Z würde das tun. Weil die Z-ler es von klein auf gewohnt sind. Sie entscheiden mit, wohin es in den Urlaub mit der Familie geht, was es zum Abendessen gibt und welches Wochenendprogramm geplant wird. Das bedeutet, dass diese Generation Wert legt auf Mitentscheiden. Das aktive Einbinden ist daher wichtiger, als über passende Worte nachzudenken.

Wie kann die Gen Z am besten in einem Feedbackgespräch motiviert werden?
Geben Sie einen Vertrauensvorschuss statt eines Misstrauensvorschusses. Z-ler merken das. Sie sind sensibel für so etwas. Ihre Antennen sind feinfühlig. Nicht nur deshalb steigen viele der großen Unternehmen bereits in der Ausbildung auf einen modernen projektorientierten Ausbildungsablauf um. Z-ler geben sich so in Projekten erst einmal selbst Feedback, wobei der Vorgesetzte nur im Hintergrund beobachtet.

Wie können die Generationsunterschiede im Gespräch ausgeglichen werden? Wie kann auf Augenhöhe gesprochen werden?
Die Generation Z will Teil des Unternehmens sein und nicht nur eine Nummer. Dieser Leitsatz sollte bei Führungskräften immer präsent sein, wenn sie Feedbackgespräche führen. Kooperativ statt autoritär heißt die Lösung. Geben Sie Kritik, aber nehmen Sie auch Vorschläge an, hören Sie Ihrem Mitarbeiter zu und nehmen Sie ihn zu jeder Zeit ernst. Denken Sie darüber hinaus auch an die Möglichkeit eines 360-Grad-Feedbacks. Als ich Führungskraft wurde, war eine meiner ersten Handlungen die Einführung eines solchen Feedbacks. Wir beurteilen den Mitarbeiter, aber er hat ebenso die Möglichkeit, die Abteilung und seinen Vorgesetzten zu beurteilen. Nur so können wir gemeinsam besser werden.

8.3 Onboarding mit Mentoren und Patenschaften

Es geht nicht um die alte Vorstellung von Patenschaft, sondern um das Ankommen im Unternehmen als einer neuen Gemeinschaft. Es geht um das Onboarding. Das Anlernen und Zur-Seite-Stehen. Es geht um Vertrauensaufbau und das gute Gefühl, auf das die Generation Z wieder mehr zu hören versucht, als wir das bei unseren ersten Jobs taten. Weg von »Ich bin froh, dass ich die Stelle bekommen habe« und hin zu »Fühle ich mich wirklich wohl hier, um die Stelle auch auszufüllen?«.

Die Idee der Patenschaften findet vermutlich am meisten Anklang, doch es geht noch besser. Denn Azubis werden oft bereits neun bis zwölf Monate vor dem ersten Ausbildungstag zum Bewerbungsgespräch eingeladen und ein Vertrag wird bei Zusage unterzeichnet. Und danach passiert meist recht wenig. Der Kontakt geht verloren und eine Bindung zum neuen Ausbilder war nie wirklich vorhanden. Deshalb wird neben einem guten Onboarding ein immer besseres Pre-Boarding, also die Phase vor dem ersten Ausbildungs- oder Arbeitstag, immer wichtiger. In dieser Phase kann zusätzliches Vertrauen bereits aufgebaut werden, wenn klar ist, wer sich um den oder die Neue kümmert. Wer wiederholt auftauchende Fragen wie »Wie war der Weg zu Kantine nochmal?« oder »Kannst du mir den Kopierer-Code nochmal bitte sagen« beantwortet. Jemand, der schon vor der Ausbildung wichtige Fragen beantwortet, mit denen man sich nicht unbedingt an den Ausbilder oder Vorgesetzten wenden will, weil es sich um Kleinigkeiten oder Peinlichkeiten handelt.

Ein Pate ist idealerweise ein Auszubildender aus dem zweiten oder dritten Lehrjahr, der den Betrieb bereits gut kennt und dem die meisten Arbeitsabläufe vertraut sind. Der Austausch über WhatsApp ist dabei für Z-ler unkomplizierte und vertrauter als der Griff zum Telefon.

Aber auch für andere Neueinstellungen schafft das Patenschaftsmodell Vertrauen. Neue Mitarbeiter erhalten zum Start im neuen Job einen Mentor zugeteilt. So bekam auch unser Bauingenieur Raphael, von dem ich immer wieder in diesem Buch berichte, einen Mentor zur Seite gestellt. »Der Mentor war nicht mal so viel älter als ich und hatte auch noch nicht jahrzehntelang Berufserfahrung. Das macht aber nichts, weil er trotzdem alle Abläufe kennt, die für mich wichtig zu erlernen sind. Und wenn er etwas Fachliches nicht weiß, fragt er nach und gibt mir dann die Antwort«.

Der entscheidende Punkt bei einem Mentor ist, dass eine bestimmte Person allein zuständig ist und sich notfalls fehlende Informationen selbst einholt, um sie dem neuen Mitarbeiter weiterzugeben. Einen weiteren Unterschied macht Raphael klar: »Wir sind alle unter Zeitdruck. So wie in den meisten Unternehmen. Deshalb sind Mitarbeiter normalerweise auch schnell genervt, wenn sie noch jemanden einarbeiten müssen. Bei mir in der Firma ist das allerdings anders geregelt. Die Zeiten, die mein Mentor benötigt, um mich einzulernen, schreibt er auf zieht sie von seinem regulären Stundenkontingent ab. Der Vorgesetzte hat dann einen Überblick, wie viel Arbeit und neue Aufträge er den Mentoren noch geben kann, sodass diese die Rahmenarbeitszeit trotzdem einhalten können.«

9.
Wie ist das mit Vier-Tage-Woche & Co?

»Diese junge Generation will doch nur noch ausschlafen und möglichst viel Urlaub!«

Haben Sie diese Aussage auch schon von anderen gehört, in der Zeitung gelesen oder selbst gedacht? Und reicht es aus, das einfach zu behaupten, ohne zu hinterfragen, ob wirklich »jeder« der jungen Menschen so denkt? »Na, jeder sicher nicht«, könnte der Kritiker darauf antworten. Aber wie viele sind es denn, die anscheinend kaum noch arbeiten wollen? Ich suche nach wie vor verzweifelt in ganz Deutschland nach Horden von Jugendlichen, die einstimmig Arbeit verweigern und lieber zu Hause bleiben. Bis jetzt konnte ich sie aber nicht finden, noch nicht mal an den sogenannten Problemschulen in Berlin, an denen ich als Berufsorientierungscoach mehrere Jahre tätig war.

Der wesentliche Unterschied zu vorangegangenen Generationen ist eher ein anderer Blick auf Arbeit. Wenn Arbeit nicht existenziell ist, dann ist klar, dass man auch andere Interessen haben darf. Hannah Teresa Petrik, Jahrgang 1997, Studentin, Angestellte im Familienunternehmen und bei einer studentischen Unternehmensberatung, war Gast in meinem Podcast und meint dazu Folgendes: »Ich habe mit meinen Freundinnen viel über das Thema Work-Life-Balance diskutiert. Und wir sind uns einig, dass keine andere Generation so klar ausspricht, was sie sich in der Arbeitswelt wünscht und vorstellt. Und gerade beim Punkt Work-Life-Balance ist wichtig, klarzustellen, dass wir nicht vergnügungssüchtig sind, sondern dass uns neben dem Job einfach noch andere Dinge interessieren, die wir machen wollen. Deshalb setzen wir nach Möglichkeit lieber auf eine Fünfunddreißig-Stunden-Woche, weil wir das Modell der Vierzig-Stunden-Woche veraltet finden.«

Ein spannender Einstieg in ein sensibles Thema. Lassen Sie uns auf den nächsten Seiten einmal genauer prüfen, was möglich ist.

Flexible Arbeitszeiten

Das deutschlandweite Unternehmernetzwerk »Wirtschaftsjunioren« ist ein Zusammenschluss von jungen Führungskräften und Unternehmern unter vierzig Jahren. Ich bin dort selbst Mitglied und hatte im Sommer 2023 ein Business-Speeddating besucht. Ich liebe solche Veranstaltungen, weil man jedes Mal auf spannende Menschen und Geschichten trifft. In einem der Sechs-Minuten-Gespräche lernte ich Max kennen. Er ist Jahrgang 1994 und erfolgreicher Unternehmensberater. Wir kamen auf das Thema Sinnhaftigkeit bei der Arbeit und auf flexible Arbeitszeiten. Eigentlich gefällt Max seine Arbeit sehr gut, aber eine Sache findet er als junger Arbeitnehmer nicht nachvollziehbar. »Ich habe jeden Tag eine Kernarbeitszeit ab sieben Uhr morgens und mein Vorgesetzter wünscht teilweise eine Anwesenheit bis siebzehn oder achtzehn Uhr. Ich hatte bereits mehrere Diskussionen mit ihm, weil ich mein Tagespensum in wesentlich kürzerer Zeit abarbeite und dann nur rumsitze. Vor neun Uhr morgens haben wir keinen Kundenkontakt und um vierzehn oder fünfzehn Uhr bin ich in der Regel mit meiner Arbeit fertig. Mein Chef sieht es allerdings nicht ein, mir die Freiheit einzuräumen, nach getaner Arbeit nach Hause gehen zu dürfen. Es gibt für mich keinen ersichtlichen Grund. Das ist absolut sinnfrei.«

Ich muss an der Stelle nicht erwähnen, dass Max Chef aus der Generation X ist. Und weil der Chef früher von seinem Chef ebenfalls gezwungen wurde, um sieben Uhr im Büro zu sein, müssen das seine Mitarbeiter heute eben auch. Wie lange eine so engagierte Arbeitskraft der jungen Generation wie Max sich das gefallen lässt, werden wir sehen. Selbst in Berufen mit Schichtarbeit lässt sich im Jahr 2023 ein arbeitnehmerfreundliches Modell finden. Während nämlich die meisten Kliniken immer noch an alten Arbeitsmodellen festhalten, hatte ich das Vergnügen, mit einer jungen Pflegedirektorin einer Schweizer Klinik zu sprechen. Elisabeth berichtete mir: »Bei uns ist es schon lange gang und gäbe, dass wir möglichst Rücksicht auf die Wünsche der Mitarbeiter aller Generationen nehmen. Wir haben deshalb sogenannte Nachtpools mit Mitarbeitern, die eben vorwiegend für die Nachtdienste eingesetzt werden. Des Weiteren berücksichtigen wir, welchen Mitarbeitern wichtiger ist, auf einer bestimmten Station eingesetzt zu werden, und welche stattdessen lieber nur zu gewissen Zeiten, aber dafür auf wechselnden Stationen arbeiten möchten. Wir versuchen auch für alle die Möglichkeit zu schaffen, mit einer gewissen Vorlaufzeit, aber ohne Angabe von Gründen Arbeitszeiten zu ändern. Das geschieht dann in einem entsprechenden Radius von beispielsweise vierzig bis sechzig Prozent der wöchentlichen oder monatlichen Arbeitszeit. Das sind für uns lebensphasenorientierte Arbeitsmodelle, die zu mehr Zufriedenheit unter den Angestellten, mehr Bindung zum Arbeitgeber und weniger Fehlzeiten führen.«

Es funktioniert also doch – und zwar sogar generationsübergreifend. Die Personalplanung muss durch solche Angebote genau strukturiert sein; Personalengpässe führen bei diesen Modellen schnell zu Chaos. Durch die niedrigere Fluktuation und den deutlichen Imagegewinn wird ein Arbeitgeber mit solchen Angeboten jedoch automatisch auch weniger Personalengpässe haben. Als ehemalige Führungskraft in einem Klinikverbund weiß ich gut, dass die Umsetzung der Theorie in die Praxis nicht immer ohne Herausforderungen verläuft, sich Durchhaltevermögen und klare Ziele aber fast immer bewähren und mit zufriedenen Mitarbeitern belohnt werden.

Keine Angst vor der Vier-Tage-Woche

Große Diskussionen gibt es seit Kurzem über das Modell der Vier-Tage-Woche. Was bringt sie und welchen Preis zahlt ein Arbeitgeber dafür? Handwerksunternehmen haben derzeit mitunter die größten Probleme, Nachwuchs zu finden, und bieten immer häufiger eine Vier-Tage-Woche an. »Seit wir die Vier-Tage-Woche anbieten, sind wir plötzlich wieder attraktiv«, erzählte mir letztens ein Friseurmeister. Ständige Samstagsarbeit oder Schichtarbeit wollen viele Arbeitnehmer nicht mehr und orientieren sich auf dem Arbeitsmarkt nach Möglichkeit um.

Schauen wir zunächst mal ins Ausland. In Island hat man die Vier-Tage-Woche als vierjähriges Pionierprojekt bei mehr als einem Prozent der erwerbstätigen Bevölkerung seit 2015 getestet. Die Auswertung belegt, dass mit den verkürzten Arbeitszeiten keine Beeinträchtigung der Unternehmensleistung festzustellen war, sondern in einigen Fällen sogar eine Produktivitätssteigerung erzielt werden konnte. Seit 2021 arbeiten über achtzig Prozent der isländischen Bevölkerung nun mit dem Vier-Tage-Modell. Ist die ganze Aufregung in Deutschland also gar nicht gerechtfertigt?

Michael Vogt, Geschäftsführer der Digitalagentur »Team23« in Augsburg, arbeitet in einem Unternehmen, das in der IT-Branche tätig ist. Da es schwer ist, IT-ler auf dem Arbeitsmarkt zu finden, muss auch er kreativ sein und nach neuen Lösungen suchen. Er schildert mir in unserem Interview für meinen Podcast »Generation-Z-Talk« seine Sichtweise zur Vier-Tage-Woche:

»Zunächst muss einmal definiert werden, was genau mit einer Vier-Tage-Woche gemeint ist. Wir bieten das unseren Mitarbeitern in der Form an, dass sie entweder hundert Prozent ihrer Arbeitszeit in vier Tagen erbringen mit einem freien Tag oder Teilzeit bei vier Tagen arbeiten. Einige nehmen das Modell an, wobei kaum einer die Option ›Volle Arbeitszeit auf vier Tage verteilt‹ in Anspruch nimmt.«

Es zeigt sich auch in diesem Beispiel wieder, dass der Generation Z Gehalt nicht mehr so wichtig ist wie den Generationen vor ihr. Jeder möchte natürlich gut verdienen und die meisten verhandeln auch beim Bewerbungsgespräch. Aber bei achtzig Prozent Arbeitszeit einen freien Freitag zu haben, ist vielen wichtiger, als ein paar Euro netto mehr zu verdienen.

Microsoft testete das Modell 2019 an seinem Standort in Japan. Das Ergebnis: Die Produktivität stieg um vierzig Prozent! Begründet hat das Unternehmen das mit einem geringeren Energieverbrauch und einer effizienteren Gestaltung der Arbeitsabläufe. Inzwischen gibt es weltweit Unternehmen, die alle auf ähnliche Ergebnisse kommen.

In Deutschland sind es meist einzelne kleinere Unternehmen, die auf das Vier-Tage-Modell umgestiegen sind, wie beispielsweise die Schreinerei Mayer in Manching, Bayern. Die Schreinerei bietet ihren Mitarbeitern die Möglichkeit, Montag bis Donnerstag jeweils zehn Stunden zu arbeiten, um Freitag frei zu bekommen. Die meisten Mitarbeiter haben dieses Angebot angenommen. Der Geschäftsführer Andreas Mayer äußert sich gegenüber dem Bayerischen Rundfunk: »Es gibt bisher keine Einbußen in der Qualität. Die Krankheitsrate ist nicht gestiegen und die Anzahl an Arbeitsunfällen ebenso wenig. Wir spüren keine negativen Auswirkungen und aktuell möchte auch keiner der Mitarbeiter mehr zurück in die Fünf-Tage-Woche.« Die Schreinerei Mayer bekommt seit der Einführung übrigens wieder mehr Bewerbungen, als sie offene Stellen anzubieten hat.

Ich finde es immer wieder spannend, wie viel hierzulande gemeckert wird, während andere Länder es einfach umsetzen und damit Erfolg haben. Was sich unter anderem die Generation Z mit der Vier-Tage-Woche wünscht, ist also nicht abwegig oder absurd, sondern in einigen Ländern bereits Realität.

An dieser Stelle möchte ich noch einmal Max ins Spiel bringen, der zur Vier-Tage-Woche folgende Meinung hat: »Für viele aus meiner Generation ist die Vier-Tage-Woche ein attraktives Modell. Der große Vorteil ist, dass man einen Tag mehr pro Woche für private Dinge zur Verfügung hat. Ich persönlich bin allerdings eher für flexible Arbeitszeiten mit Kernarbeitszeiten, sodass ich mir aussuchen kann, wie ich arbeiten möchte. Die Flexibilität in der zeitlichen Organisation nicht auf vier Tage zu reduzieren, sondern innerhalb der Fünf-Tage-Woche die Arbeitszeit selbst einteilen zu können, wäre meine Priorisierung. Ich kann mir aktuell noch nicht vorstellen, wie es funktionieren würde, wenn alle Branchen plötzlich eine Vier-Tage-Woche einführen würden. In der Praxis wird es also vermutlich nicht so einfach sein wie in der Theorie. Deshalb ist mein Favorit ein flexibles Arbeitszeitmodell.«

Vor- und Nachteile der Vier-Tage-Woche auf einen Blick

Vorteile sind:

- Produktivitätssteigerung durch längere Erholungsphasen,
- höhere Arbeitgeberattraktivität besonders bei der jungen Generation,
- geringere Betriebskosten durch Strom- und Heizkosteneinsparungen an einem Tag,
- weniger Ausfallzeiten durch Reduktion des Stresslevels.

Nachteile sind:

- Unternehmen müssen vor der Umstellung genau planen und intern abstimmen, welche Abläufe sich durch die kürzere Arbeitszeit ändern, um Chaos zu vermeiden.
- Das Modell ist nicht in allen Branchen umsetzbar. In der Gesundheitsbranche beispielsweise kann nicht an vier Tagen produktiver gearbeitet werden, um am Freitag frei zu bekommen. Dort müssen andere Lösungen gefunden werden.

Unbegrenzter Urlaub: ein ganz reales Vertrauensmodell

»Ich bin dann mal weg« könnte der letzte Satz eines Mitarbeiters sein, der kurzfristig beschlossen hat, sich selbst Urlaub zu genehmigen. So oder so ähnlich stellen sich Arbeitgeber ein Horrorszenario vor, wenn plötzlich jeder seinen Urlaubsanspruch selbst bestimmen könnte. Ist die Angst gerechtfertigt? Vermutlich nicht.

Denn erste Unternehmen, die ihren Mitarbeitern die Freiheit gaben, so viel Urlaub zu nehmen, wie sie möchten, und diesen untereinander mit den Kollegen und ohne Zustimmung des Vorgesetzten abzustimmen, stellten überrascht fest, dass die Organisation des Urlaubs perfekt funktionierte und die Angestellten insgesamt nicht mehr Urlaub genommen hatten, als sie vom Arbeitgeber bisher bekommen hatten. Es ist ein Versuch des Aufbrechens starrer Strukturen und komplizierter Urlaubsplanung mit der Belegschaft. Und der Versuch zeigt, dass ein großer Vertrauensvorschuss statt eines ständigen Misstrauensvorschusses sich offenbar auszahlt. Ob Sie das Modell des Vertrauensurlaubs für Ihr Unternehmen adaptieren möchten, überlasse ich ganz Ihnen. Es bleibt natürlich ein Restrisiko, dass das Modell eventuell auch nicht funktioniert und jeder Angestellte sechs Wochen Sommerurlaub zur gleichen Zeit nimmt. Dann stehen die Bänder still.

Besonders junge Arbeitnehmer aber wünschen sich Urlaub nach eigenem Ermessen. Eine Studie des Marktforschungsinstituts »marketagent.com« und von Xing stellt fest, dass Beschäftigte der Generation Z sich jährlich gerne vierunddreißig freie Tage nehmen würden. Bei der Generation Babyboomer sind es durchschnittlich dreißig freie Tage. Gemessen am Gehalt würde sich die Gruppe mit einem Bruttolohn ab dreitausend Euro die meisten Urlaubstage pro Jahr nehmen, also rund vier Tage mehr als Geringverdiener.

Eine Kreativagentur aus Hamburg, die elbdudler GmbH, fährt mit dem Modell des unbegrenzten Urlaubs gut. Die Erfahrungen sind positiv und die Mitarbeiter nehmen im Schnitt dreißig Tage Urlaub pro Jahr, also ähnlich viel wie in anderen Unternehmen auch. Talent Manager Julian Draxler sieht dieses Modell eher als Möglichkeit, flexibler zu sein, wenn am Ende des Jahres mal zwei Urlaubstage fehlen, um an Weihnachten bei seiner Familie sein zu können, und spart diese dann im darauffolgenden Jahr wieder ein, weil kein größerer Urlaub geplant ist.

Die meisten Unternehmen, die dieses Konzept bisher nutzen, sind Start-ups. Vielleicht ein weiterer Grund dafür, warum junge Menschen bei der Arbeitgeberwahl ein Start-up-Unternehmen gegenüber einem Großkonzern bevorzugen würden. Ein aussagekräftiger Vergleich zwischen Vor- und Nachteilen ist nach aktuellem Stand noch nicht möglich, da bislang zu wenige Unternehmen ihren Mitarbeitern Urlaub auf Vertrauensbasis anbieten. Es wird also noch etwas dauern, bis wir sagen können, ob das Modell Erfolg versprechend ist oder nicht.

Es ist allerdings wahrscheinlich, dass sich mit den Generationen Z und Alpha insgesamt in den nächsten Jahren sowohl bei flexiblen Arbeitszeiten als auch beim Vertrauensurlaub einiges ändern wird. Viele Angehörige der jungen Generation wünschen sich solche neuen Modelle und fordern sie direkt oder indirekt ein, indem Unternehmen mit entsprechendem Angebot stärker von Bewerbern frequentiert werden und weil die Wahrscheinlichkeit eines abzuwendenden Fachkräftemangels die Entwicklung zu solchen Modellen beschleunigen wird.

10.

Gen-Z-Branding – wie Marken junge Kunden gewinnen

Die Generation Z macht mittlerweile weltweit schon rund dreißig Prozent der Konsumenten aus. Das stellt Unternehmen vor große Herausforderungen, denn besonders junge Konsumenten werden immer misstrauischer und ihre Loyalität zu Marken sinkt. Das Zauberwort lautet laut einer PWC-Studie von 2021 Vertrauen. Die Frage ist nur, wie können Sie als Person, Coach, Führungskraft oder Unternehmer Vertrauen aufbauen und wie können Sie so zu einer Marke werden, die dann auch gerne weiterempfohlen wird?

Noch mehr als die Vorgenerationen kauft Gen Z online. Sie will schnelle Verfügbarkeit, große Auswahl, individuelle Beratung, moderne Shops und mehr digitale Einkaufserlebnisse.

Besonders die Generationen Y und Z wollen weiterhin nicht lange auf etwas warten. Die Z-ler bestellen gerne online, und zwar täglich doppelt so häufig wie die anderen Generationen laut Statista 2021. Das liegt nahe, denn die größte Inspiration am Beispiel Mode geht von Influencern und Online-Magazinen aus. Zweiundsechzig Prozent der jungen Menschen nutzen Instagram und TikTok als bevorzugte Inspirationsquelle (Studie Stylight 2023, Online-Suchplattform für Mode). Wer online Angebote angezeigt bekommt, wird zu großen Teilen auch online bestellen und nicht das Produkt in irgendeinem physischen Geschäft suchen. Bequem soll der Einkaufsprozess heute sein. Search – match – buy. Wie bei Amazon.

Und auch die Beratung erscheint online besser zu sein als in vielen Läden. Tausende von Bewertungen, teils mit Bildern und Videos, geben schnell Aufschluss darüber, ob das Produkt zu einem passt und das ist, was man sich vorgestellt hat. Und weil Plattformen wie Amazon wirklich gute Verkäufer sind, wird man auch noch gefragt, ob man nicht noch etwas Passendes zum eben in den Warenkorb gelegten Artikel braucht. »Kunden, die dieses Produkt kaufen, interessieren sich auch für jenes Produkt«. Zum Topf wird dann der passende Deckel vorgeschlagen oder zum Stuhl der passende Tisch. Meistens funktioniert das wunderbar.

Nicht nur Händler, sondern auch Marken müssen gut überlegen, wie sie zukünftig auftreten. Denn das Stichwort heißt »authentisch«. Was viele Leser überraschen wird: Marken, die klare gesellschaftliche und politische Standpunkte haben, sind bei Z-lern beliebter. Dem stimmen fast sechzig von hundert jungen Menschen zu, während dieser Aspekt lediglich für vierzig von hundert Personen der restlichen Generationen eine Relevanz hat. Diese Werte wurden aus der Studie von Sitecore von 2022 (WIN-Verlag GmbH & Co. KG, e-commerce-magazin.de) bestätigt.

Soziale Kriterien beim Beurteilen einer Marke spielen für junge Menschen eine immer größere Rolle. Wie geht die Marke mit Tierschutz um? Niemand möchte heute noch Wintermäntel kaufen mit echten Pelzen. Auch beim Thema Nachhaltigkeit wird immer häufiger genauer hingeschaut. Wie nachhaltig wird ein Produkt produziert oder welche Investition leistet die Marke beim Umweltschutz? Bei den Bedingungen, unter denen Produkte hergestellt werden, wünschen sich zwar die meisten Konsumenten Verbesserungen. Doch es ist Vorsicht geboten: Der Preis spielt auch bei den jungen Onlineshoppern eine zentrale Rolle.

Ich habe vor Kurzem ausführlich mit einem Vertreter der Generation Z gesprochen, Josip Perkovic aus Berlin. Wie und wo er sich inspirieren lässt und seine Einkäufe tätigt, erzählt er nachfolgend:

»Insgesamt ist mir gerade bei der Kaufentscheidung am Anfang wichtig, dass es eine gut durchdachte Social-Media-Werbung bei Instagram gibt und dazu eine Internetseite der Marke, die mich überzeugt – idealerweise mit Rabattcodes oder Willkommensgutscheinen. Übrigens finde ich da auch oft Produkte über Influencer, die mit Marken zusammenarbeiten.

Ich gebe zu, dass ich viele Produkte online kaufe. Und oft lasse ich mich bei Instagram über verschiedene Angebote und Vergünstigungen wie zum Beispiel zwei Artikel zum Preis von einem inspirieren oder verlocken. Ich weiß aber auch, dass die passenden Produkte für mich angezeigt werden in

Werbung auf Social Media und in Apps. Wenn ich länger recherchiere für beispielsweise eine Kaffeemaschine, dann wissen die Algorithmen von Google und Co genau, dass sie mir entsprechende Angebote dazu ausspielen. Das pusht dann nochmal zusätzlich, etwas zu kaufen, das ich sonst vielleicht nicht so schnell gekauft hätte.

Der Umweltaspekt spielt für mich persönlich dabei übrigens keine Rolle. Für mich ist wichtig, dass die Marke bekannt und die Qualität gut ist. Da geben Bewertungen von Kunden mir eine Rückmeldung dazu. Außerdem achte ich darauf, welche Online-Bezahlmöglichkeiten mir angeboten werden. PayPal ist für mich da fast schon Pflicht, weil es einfach ist. Oder mindestens die Wahl zwischen mehreren Möglichkeiten und Anbietern wie Klarna oder die Zahlung per Kreditkarte zu gewährleisten. Und natürlich eine schnelle Lieferung.

Lebensmittel kaufe ich zum Beispiel auch oft online bei Gorillas oder Flink (beides Lieferdienste für Lebensmittel in Berlin und anderen größeren Städten). Die liefern das teilweise innerhalb von Minuten zu mir nach Hause.

Allerdings kaufe ich auch nicht alles online, denn mir ist bewusst, dass gerade Lebensmittel oder auch Baumarktartikel dann doch günstiger sind, wenn ich sie vor Ort kaufe, statt sie mir liefern zu lassen. Zum Glück gibt einem das Internet die Möglichkeit, Preise zu vergleichen und dann zu entscheiden, ob ich meinen Hintern doch bewege zum Händler.«

Nicht alles, was Studien uns so klar vorgegeben haben, kann Josip zu seinem Einkaufsverhalten bestätigen. Vieles davon deckt sich jedoch mit den Erwartungen und Prägungen.

Nachfolgend nochmal die wichtigsten Kriterien zusammengefasst, nach denen die Generation Z einkauft:

Der Preis(-vergleich)

Rabattcodes und Willkommensrabatte locken fast jeden an. Wer kauft nicht gerne günstiger?! Die meisten Influencer, die Produkte bewerben, geben Rabattcodes bekannt, mit denen sich Geld sparen lässt.

Produktvergleich

Portale wie Check24, Google, Amazon und Co machen es vor. Sie bieten schnell, unkompliziert und teils höchst detailliert und professionell Vergleiche zu immer mehr Produkten oder Dienstleistungen an, die nach wenigen Klicks die individuell beste Lösung zeigen. Bei Check24 kann man über diverse Parameter und Infoboxen mit Empfehlungen der letzten Käufer beispielsweise erkennen, welche der vielen Handyverträge der für mich passende ist. Bei Google reicht die Eingabe des Produkts im Suchfeld, gegebenenfalls mit dem Zusatzstichwort »kaufen«, und schon werden unzählige Anbieter vor dem ersten Suchergebnis aufgelistet. Und auch bei Amazon ist durch Millionen gelisteter Artikel ein Vergleich spielend leicht geworden. Ganz wichtig ist bei diesen und allen anderen Webseiten, dass sie mobileoptimiert sind, also mit dem Smartphone unkompliziert aufrufbar.

Schnelle Lieferung

Ein passendes Beispiel scheint mir hier die recht junge Marke Gorillas aus Berlin, die verspricht »in wenigen Minuten« Lebensmittel zu dir nach Hause zu liefern. Bisher waren wir schon verwöhnt mit dem Amazon-Prime-Express-Versand, der uns innerhalb eines Tages das liefert, was wir bestellt haben. Bei Lebensmittel setzt Gorillas noch einen drauf und liefert – zumindest in Berlin – mithilfe von kleinen Kiosks bestimmte Produkte wirklich mit Fahrradkurieren innerhalb von wenigen Minuten nach Aufgabe der Bestellung. Wen wundert es dann noch, wenn wir eine Generation fast schon zur Ungeduld erziehen und dann verständnislose Reaktionen sehen bei Herstellern, die mit fünf- bis siebentägiger Lieferzeit werben.

Umweltaspekt

Aus meiner Sicht ist es aktuell noch schwierig zu beurteilen, wie sehr Nachhaltigkeit und Umweltschutz generell bei der Generation Z ins Gewicht fallen, denn die meisten der Z-ler sind entweder noch Schüler, Studenten oder noch nicht auf einer Einkommensebene angelangt, bei der der oft höhere Preis keine Rolle spielt. Sie beschränken sich daher auf die Option nachhaltig einzukaufen, wenn bezahlbar. Regionale Produkte sind ein weiterer Trend, ebenso wie das bewusste Einkaufen ohne Verpackungen.

Social-Media-Auftritt und Webseiten-Auftritt

Die Informationskanäle für alles, was in der Welt geschieht, und auch für fast jedes Produkt, das interessiert, haben sich geändert. Social Media ist oft der Einstieg in einen Verkaufsprozess, in dem kein physischer Verkäufer mehr notwendig ist, sondern stattdessen ein paar findige Programmierer, Social-Media-Experten und Webdesigner. Neben der sogenannten In-App-Werbung, also den Werbeanzeigen in kostenlosen Handy-Apps, fungieren oft Influencer als Wegbereiter für bestimmte Produkte. Follower vertrauen Marken mehr, wenn diese mit Influencern zusammenarbeiten, die der Zielgruppe für dieses Produkt gleichgesinnt sind, also ähnliche Meinungen und Ansichten zu gesellschaftlichen Themen haben. Andersherum würde aber auch jeder fünfte aus der Generation Z nicht bei Marken kaufen, die mit problematischen Influencern zusammenarbeiten. Es ist also ein schmaler Grat als Unternehmen die Personen zu einer Zusammenarbeit zu gewinnen, die der Zielgruppe auch bei Kaufempfehlungen möglichst ohne viele Fragen folgt.

Erfolgreiche Influencer-Kampagnen

Verschiedene Unternehmen zeigten eindrucksvoll, wie gutes Influencer-Marketing funktioniert und Millionen potenzielle Kunden über soziale Netzwerke erreicht. Drei Beispiele möchte ich dabei nennen. Recherchieren Sie gerne selbst und vielleicht stellen Sie fest, dass die ein oder andere Kampagne auch an Ihnen nicht unbemerkt vorüberging.

Edeka-Kampagne mit Influencer Mark Rebillet
Unterhaltsam und auffällig gut gemacht präsentierte Edeka 2021 unter dem Hashtag #SuperMarc Werbespots mit YouTuber und Soundkünstler Marc Rebillet, der in einem Bademantel in einer Edeka-Filiale deren Sortiment in ein DJ-Pult verwandelt. Edeka erreichte damit 4,3 Millionen Aufrufe auf YouTube und 7,7 Millionen auf TikTok.

Bundespolizei-Kampagne mit YouTuber Luca und Vloggerin Julia Beautz
Aufgrund des Nachwuchskräftemangels startete die Bundespolizei mit zwei Stars eine Videoreihe, in der es einen fiktiven Kriminalfall zu lösen gab. Dabei durften die Zuschauer die Handlung mitgestalten. Das Ergebnis waren insgesamt 4,5 Millionen Aufrufe und damit ein Erfolg, um die Aufgaben bei der Bundespolizei an Jugendliche zu vermitteln.

Zalando-Kampagne mit verschiedenen Influencerinnen
Während der Corona-Pandemie und des daraus resultierenden Umsatzrückgangs in der Modebranche startete Zalando die Styledayfriday-Kampagne, bei der verschiedene Influencer und Follower sich jeden Freitag mit einem bestimmten Style unter dem Hashtag #styledayfriday präsentieren sollten. Zalando erreichte damit 182 Millionen Menschen und vervierfachte seine Anzahl an Followern.

Die Auswahl der richtigen Influencer ist enorm wichtig, da sie ansonsten Ihrem Marken-Image am Ende eher schaden, als gewinnbringend investiert zu haben. Denn Z-ler wenden sich sogar von Marken ab, die mit problematischen Influencern zusammenarbeiten. Oft kann es gerade für regionale Unternehmen auch spannend sein, sogenannte Micro-Influencer als Botschafter zu nutzen. Die haben zwar weniger Follower, sind aber in der Region bekannt und dadurch für Sie eventuell noch interessanter als national oder sogar international bekannte und dadurch wesentlich teurere Influencer.

Egal wen Sie wählen, Sie müssen sich im Klaren sein, was genau Sie mit einer Kampagne und Zusammenarbeit erreichen wollen. Vieles kann auch ganz ohne Influencer erreicht werden durch die Mithilfe des eigenen Personals. Nicht selten ist es sogar so, dass manche Mitarbeiter bereits Influencer sind und es dann Sinn macht, erst mal diese auf eine mögliche Zusammenarbeit anzusprechen. Aber auch wenn Sie besonders die Zielgruppe in Ihrem Unternehmen, die die von Ihnen angepeilten Kanäle für eine Kampagne nutzt, motivieren, Inhalte zu teilen, zu liken und zu kommentieren, können Sie bereits viel für wenig Geld erreichen.

Bei der Wahl des Kanals muss nicht zwangsläufig Instagram der Kanal sein, auf den Sie setzen. Sie können genauso gut YouTube oder TikTok nutzen. Jeder Kanal hat seine Vor- und Nachteile.

Referenzen anderer Kunden

Wenn nicht gerade ein Influencer, dem man aus reinstem Vertrauen so ziemlich alles abkaufen würde, ein Produkt bewirbt, so greifen wir heutzutage oft auf Bewertungen zurück von Kunden, die dieses Produkt bereits gekauft haben.

Bewertungen sind eines der wichtigsten Kriterien, bevor wir uns für einen Kauf entscheiden. Das gilt nicht nur für die Generation Z. Diese jedoch erkennt schneller als die weniger digitalaffinen Online-Käufer, ob Bewertungen echt sind oder eingekauft. Sie haben ein besseres Gespür Fakes zu erkennen: Durch einen Bullshitfilter, der ihnen schon ihr Leben lang in der Online-Welt hilft, für sie relevante Informationen herauszufiltern.

Laut einer Studie von Capterra (Ines Bahr, Capterra Inc., 2019)vertrauen Menschen beim Kauf eines neuen Produkts am meisten auf Online-Kundenbewertungen, noch vor Expertenmeinungen oder Empfehlungen durch Freunde und Bekannte. Ein Viertel der Kunden liest sogar vor jedem Online-Kauf Kundenbewertungen durch.

Guter Service
Vielleicht haben Sie auch schon mal mit Chatbots zu tun gehabt, also künstlicher Intelligenz, die per Chat Ihre Beschwerde oder Anfrage aufnimmt und meistens doch nicht versteht, was Sie wollen. Es bleibt bei jedem Online-Kauf die Ungewissheit, ob bei Problemen kompetent weitergeholfen wird oder das Produkt deshalb so günstig war, weil am Service eingespart wird. Nicht nur wir, sondern auch die Generation Z wünscht sich deshalb im Bedarfsfall echte Ansprechpartner statt Roboter. Gibt es diese nicht, spiegelt sich das schnell in negativen Bewertungen wider. Und selbst dort gehört es zu einem guten Service, auf Kundenfeedback einzugehen und spätestens hier zum Problem Stellung zu nehmen.

Idealerweise bieten Sie also einen guten Service, den Sie von Beginn an – also mit dem ersten Kundenkontakt – anbieten.

Umgang mit Kunden aus der Generation Z
Wie spricht man denn jetzt am besten mit Geschäftspartnern und Kunden aus der Generation Z? Auf was muss ich mich einlassen, was erwarten junge Menschen und wo entstehen Missverständnisse?

Wenn Sie diese Faktoren kennen, können Sie die Gen Z schneller überzeugen, erfolgreicher Geschäfte abschließen und ohne Hürden Herausforderungen gemeinsam meistern. Da den meisten nicht bewusst ist, worauf sie achten müssen, frustriert sie das nicht nur, sondern hinterlässt auch Fragen, wieso das letzte Kommunikationsseminar offensichtlich nicht viel gebracht hat. Denn neben den wichtigen grundlegenden Werkzeugen der Kommunikation und der Einordnung des Menschentyps ist es unerlässlich, entsprechend des Alters diverse Besonderheiten zu berücksichtigen.

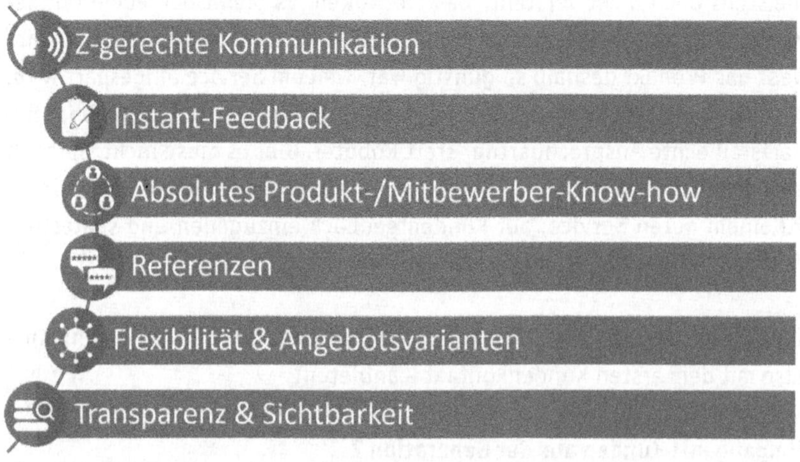

Z-gerechte Kommunikation

Denken Sie zunächst mal über Ihre Zeit als junge oder junger Erwachsene (r) nach und welche Kommunikationswege Sie damals nutzten. Gab es schon Smartphones oder E-Mails? Haben Sie fleißig SMS getippt und wie ich sich jedes Mal geärgert, dass man keine sinnvollen Nachrichten in hundertsechzig Zeichen formulieren kann? Oder haben Sie gleich zum Festnetztelefon gegriffen und die Person einfach angerufen, die Sie sprechen wollten? Eine Schülerin der fünften Klasse fragte mich mal: »Wie seid ihr eigentlich damals ins Internet gegangen ohne Handys und PC?« Hmmm, gar nicht. Kommunikation ging über andere Wege. Nicht zuletzt über den persönlichen Weg. Einfach mal bei der gewünschten Person vorbeifahren und zu Hause klingeln. Macht heute kaum noch jemand.

Ich brauche Sie an der Stelle nicht zu fragen, über welche Kanäle die Gen Z kommuniziert. Das wissen Sie bereits. »WhatsApp!« würden Sie vermutlich antworten. Man könnte das auch noch erweitern um Instagram, TikTok, Snapchat und einige Nischen-Apps. WhatsApp ist dabei die App, die eigentlich jeder hat und die auch eine reine Kommunikations-App darstellt. Junge Menschen schicken dort am liebsten Sprachnachrichten und schreiben eher weniger Texte. Vor allem keine langen Texte.

Telefonieren geht immer, wenn es dringend ist oder sein muss, kann jedoch meistens vermieden werden. Besonders uncool bleibt das bei Jugendlichen und wird dann allmählich normaler mit steigendem Alter.

Statt einer Nachricht in WhatsApp könnten Sie auch eine E-Mail schreiben. Je jünger der Empfänger ist, desto unwahrscheinlicher ist es, dass er sie zeitnah liest und beantwortet. E-Mails empfangen junge Menschen natürlich schon und jeder hat auch eine Mailadresse, weil man sich bereits bei verschiedenen Händlern, Apps und so weiter mit seiner Mailadresse registrieren muss. Aber per Smartphone sind Mails ohnehin schlecht zu schreiben.

Bei der Anrede kommt es zwar auf das Verhältnis von Absender und Empfänger an, Sie sollten aber tendenziell zum Du tendieren. In der Social-Media-Welt gibt es quasi kein Sie und bei einer Kontaktaufnahme über solche Kanäle darf man sich dann gerne überlegen, ob das Du persönlicher ist und eine bessere Bindung aufbaut.

Auch in digitalen Zeiten sollten Sie eine persönliche Kommunikation nicht unterschätzen. Die Generation Z ist es zwar gewohnt, sich über Nachrichtendienste wie WhatsApp sich zu unterhalten, hat aber immer noch das Bedürfnis, dies nicht ausschließlich zu tun. Es bedarf manchmal etwas Zeit und ein Gespräch muss auch nicht immer mit einem Telefonat beginnen. Man kann aber durchaus durch die Wahl des Kommunikationsmittels und eine persönliche Ansprache junge Menschen schnell für sich gewinnen.

Instant-Feedback
Geprägt von Ungeduld sind sie, diese Jungen. Und was hat Sie geprägt? Abwarten, nicht immer gleich alles haben wollen, sich hinten anstellen oder auch mal länger auf sein Wunschprodukt warten, ohne jeden zweiten Tag beim Support nachzufragen, wieso die Lieferzeit so lange ist? Dann sind Sie definitiv aus einer anderen Generation.

Wenn ich meinem Lieblings-Influencer eine Nachricht sende, bekomme ich doch auch innerhalb von ein paar Stunden eine Antwort – und der hat zwei Millionen Follower. Aber auf die Antwort meines Online-Händlers soll ich drei Wochen warten?! Unverständlich und nicht nachvollziehbar.

Sie ahnen, worauf ich hinauswill. Alles sofort, fast rund um die Uhr in einer noch nie dagewesenen Verfügbarkeit zu bekommen, schürt die Erwartungshaltung der Gen Z gegenüber Marken, Händlern und Arbeitgebern.

Absolutes Know-how über Produkt und Mitbewerber
Die Gen Z kann (fast) alles googeln, was Sie nicht beantworten. Das ist kein Punkt, der neu sein sollte. Aber einer, der bewusster wahrgenommen werden darf. Heute können wir fast alles googeln. Wir brauchen eine Information und Google gibt uns – fast immer – die richtige. Die künstliche Intelligenz und die unglaublichen Datenmengen, die täglich ins Internet gestellt werden, ermöglichen immer genauere Antworten auf unsere Suchanfragen. Das bedeutet auch, dass eswährend eines Verkaufsgesprächs es nicht unwahrscheinlich ist, dass der typische Käufer aus der Generation Z einfach Google fragt, ob das, was Sie da erzählen, auch stimmt. Parallel zeigt Ihnen Google auch an, bei welchem anderen Anbieter Sie Ihr Produkt noch günstiger bekommen.

Sie sollten also nicht nur alles zu dem, was sie verkaufen, wissen, sondern auch sehr gut Ihre Mitbewerber kennen. Denn nur wenn Zweifel aufkommen, ob Ihre Infos auch vollständig oder überhaupt zutreffend sind, wird zum Smartphone gegriffen. Wirklich gute Verkäufer lassen es aber nicht so weit kommen und haben ein entsprechend großes Wissen über das, was sie verkaufen.

Es ist schon ein erhöhtes Engagement notwendig, um eine anspruchsvolle Generation zufriedenzustellen. Machen Sie sich bewusst, dass Ihre bisherigen Kunden mit denen der Generation Z nicht mehr vergleichbar sind. Kaum jemand wäre bis vor ein paar Jahren aufgrund einer unzureichenden Beratung extra zu einem anderen Anbieter gefahren – abhängig von der Größe und allgemeinen Verfügbarkeit natürlich. Heute braucht es nur einen Griff in die Hosentasche, zwei Klicks, um die Google-Sprachfunktion zu aktiveren, und eine Frage, um einen anderen Anbieter zu finden. Das dauert keine zehn Sekunden. Tja, da drehen Sie sich einmal um und schon ist der potenzielle Kunde aus dem Laden verschwunden.

Der Online-Handel verdrängt mehr und mehr den stationären Handel. Wenn diese Verlagerung von jungen Käufern nicht noch weiter beschleunigt werden soll, muss auch die Beratung wieder besser passen. Seien Sie der Experte für das, was Sie verkaufen möchten, und überzeugen Sie Ihre Kunden, bevor diese beginnen, sich beim Mitbewerber umzusehen.

Referenzen und Sterne-Bewertungen

Groß geworden mit Sternchen und Likes in der digitalen Welt fällt alles auf, was keine Bewertungen hat oder nur schlechte vorzeigen kann. Heute wird alles bewertet und zertifiziert. Wir haben uns inzwischen daran gewöhnt, dass Restaurants, Hotels und fast jedes Produkt Bewertungen vorzeigen kann, die uns zum Kauf verhelfen sollen. Hat ein Produkt ein Zertifikat und dazu gute Bewertungen, fühlen wir uns einfach sicherer beim Kauf. Und woran wir uns gewöhnt haben und worauf wir vielleicht nicht immer größten Wert legen, ist für die Generation Z ein Must-Have. Sie ist mit dem Gedanken aufgewachsen, dass nur Fünf-Sterne-Produkte es auch wert sind, gekauft zu werden.

Bewertungen und Referenzen über das, was Sie verkaufen, sollten demnach schnell, einfach und unkompliziert einsehbar sein. Online oder im persönlichen Gespräch unaufgefordert präsentiert. Denken Sie daran: Die Auswahl ist oft riesig und der Sprung zu einem anderen Anbieter nur sehr klein.

Flexibilität und Angebotsvielfalt

Flexibel und jederzeit einsehen zu können, wie das Angebot nochmal war, bedeutet auch, eine Plattform zu schaffen, die schnell abrufbar die Informationen zur Verfügung stellt, die ich gerade benötige – mobil optimiert und in der Darstellung sauber.

Dazu gehört auch die individuelle Ausführung Ihres Angebots. Können Sie nur Standard bieten oder auch Sonderwünsche berücksichtigen? Wer schon als Jugendlicher die Wahl zwischen fünfzehn verschiedenen Farben seines Smartphones hat, erwartet das auch in späteren Lebensjahren noch bei dem, was er kauft.

Wussten Sie übrigens, dass vierundsiebzig Prozent der Deutschen online einkaufen, während sie im Bett liegen? Auch das heißt Flexibilität. Wie sind Sie erreichbar, wenn außerhalb der Geschäftszeiten Anfragen kommen? Und wie sehr sind es Ihre Mitbewerber?

11.
Generation Z ist erst der Anfang: ein Ausblick

Wenn wir über die nächste Generation sprechen, könnte man zunächst einmal die Frage stellen: Wie sieht eigentlich die Welt aus, wenn die Generation Z in Rente geht? Mit dem Strategieberater Dr. Philipp Reisinger, der sich bei der FutureManagementGroup AG genau mit solchen Fragen täglich beschäftigt, tauschte ich mich hierzu aus. Natürlich können wir nicht in die Zukunft schauen. Zukunftsforscher können das auch nicht, aber sie entwickeln Szenarien, wie sich die Welt entwickeln könnte und suchen nach Wahrscheinlichkeiten für das am ehesten erwartbare Szenario. Dieses Vorgehen ist probater, als anzunehmen, dass in Zukunft alles wieder so wird wie früher oder dass sich nichts ändert.

Nehmen Sie also folgende Einschätzung von Dr. Philipp Reisinger für Ihre Planungen mit auf den Weg:

Philipp: *Wenn die Generation Z in Rente geht, wird vermutlich der globale Temperaturanstieg unumkehrbar sein. Generation Z geht in Rente, wenn KI die Singularität erreicht hat. Also wenn KI Dinge macht, auf die der Mensch keinen Zugriff mehr hat. Generation Z geht in Rente, wenn wir gleichzeitig in einer physischen und virtuellen Welt leben. Generation Z geht in Rente, wenn Roboter zu unserem Alltag gehören. Und sie geht in Rente, wenn Arbeit und Erwerbstätigkeit neu definiert wurden aufgrund der hohen Anzahl von Robotern. Und sie sind diejenigen, die in Rente gehen, wenn wir ein neues Wertesystem, ein neues gesellschaftliches System und unsere Generationenverträge neu definiert haben. Es wird bis dahin eine Welt sein, in der nicht mehr der Mensch im Vordergrund steht, sondern wir in einem Zeitalter leben, in dem intelligente Agenten Alltag geworden sind.*

Felix: *Das ist interessant. Aber für viele vermutlich noch entfernte Zukunft. Was verändert sich in den nächsten fünf bis zehn Jahren generell?*

Philipp: *Die Veränderungen werden vor allem technologisch bestimmt sein. 2029 werden wir und das ist relativ sicher KI so weit haben, dass sie den sogenannten Turing-Test besteht. Das bedeutet, dass wir in der Kommunikation* *beispielsweise über einen Chat nicht mehr wissen, ob wir mit einem Menschen oder mit einer Maschine sprechen. Schon heute kann KI auf dem Level einer Masterarbeit Texte schreiben (seien Sie bei diesen Zeilen aber versichert: diese kommen von mir persönlich). Des Weiteren werden wir bis 2030 die 6G-Infrastruktur haben, was ganz einfach bedeutet, dass prinzipiell jeder mit Strom betriebene Gegenstand mit künstlicher Intelligenz angereichert werden kann. Auch die weiterentwickelte Leistung von Computern lässt sich nur schwer in Zahlen fassen. Für die Generation Z bedeutet das, dass sie schon bald in ein Zeitalter eintritt, in dem ganze Wissenschaftsbereiche neu geschrieben werden.*

Felix: *Wie genau wird uns diese Veränderung betreffen in den einzelnen Generationen?*

Philipp: *Die Generation Z wird sich um einiges leichter tun mit dem Wandel und der ständigen Weiterentwicklung. Aber die Geschwindigkeit, in der Veränderungen stattfinden, wird insgesamt sehr hoch sein. Spannend ist aber, dass vermutlich andere Schwerpunkte in der Qualifizierung beziehungsweise dem Erlernen eines Berufes gesetzt werden. Die derzeit unangefochtene Relevanz eines Studiums wird sich verändern, während beispielsweise Handwerksberufe wesentlich attraktiver sein werden. Außerdem werden sich Arbeitsmodelle in Richtung eines projektorientierten Arbeiten wichtiger werden. Wir werden also nur für einzelne Aufgaben von Unternehmen angestellt. Wir sprechen eventuell über eine Zahl von siebzig Prozent der Mitarbeiter, die dann projektbezogen arbeiten.*

Felix: *Welche Fähigkeiten sind dann besonders wichtig?*

Philipp: *Es wird entscheidend sein, zu wissen, was ich wirklich gut kann, also in welcher Aufgabe ich mein Potenzial voll entfalten kann. Wir sprechen nicht mehr über Soft Skills, sondern Human Skills, weil es Fähigkeiten sind, die Algorithmen nicht in dem Maße ausüben können, wie es Menschen können. Die Fokussierung auf das individuelle Talent ist also der beste Ratschlag für die Zukunft.«*

Es ist also wahrscheinlich, dass Handwerksberufe an Attraktivität gewinnen und in Unternehmen in viel größerem Umfang als heute projektorientiert gearbeitet wird. Künstliche Intelligenz wird eine heute nicht vorstellbare Qualität erreichen und die Arbeitswelten gehörig umgestalten.

Das sind Betrachtungsweisen, die uns zeigen, dass es Zeit wird, sich mit einer Zukunftsstrategie zu beschäftigen.

11.1 Wie bereite ich mein Unternehmen auf die Zukunft vor?

Die Realität ist, dass, während die Zukunft schon vor der Tür steht, sich viele Unternehmen noch mit Herausforderungen aus der Vergangenheit herumschlagen. Veraltete Unternehmensstrukturen und überholte Führungsstile schwächen die Attraktivität. Bei einigen Unternehmen, in denen ich war, kann man von Attraktivität im Wortsinn eigentlich schon heute nicht mehr im Entferntesten sprechen.

Dabei steht die nächste Generation mit dem schönen Namen »Alpha« schon vor der Tür. Noch sind die zu dieser Generation gehörenden Kinder in der Schule, doch schon 2025 werden die ersten als Auszubildende in die Unternehmen kommen. Vorausschauend und strategisch ist es, klug zu fragen, was uns mit diesen Menschen erwarten wird.

Eine selbstreflektierte fünfzehnjährige Z-lerin – die nebenbei auch meine Tochter ist – sagte zu mir auf die Frage, was sie von der nächsten Generation erwartet:

»Die werden einen noch krasseren Sprachgebrauch als wir haben. Dazu werden sie weniger wissen, weil ja alles online abrufbar ist, und dafür sich schon in jungen Jahren nur mit ihren Themen beschäftigen, die nicht immer unbedingt sinnvoll sind. Meiner Meinung nach ist die Entwicklung aber auch logisch, weil die Eltern (aus der Generation Y oder Z) ja teilweise auch schon anders waren, und das setzt sich jetzt fort«.

Harte Worte – und auch überraschend von jemanden, der selbst zur Generation Z gehört. Aber kommt es wirklich so schlimm? Ich denke, es wird auch viele positive Seiten geben, die wir jetzt noch nicht abschätzen können. Beispielsweise im Nachhaltigkeitsdenken und Umweltschutz zeigt die heute junge Generation schon, was ihr wichtig ist. Und das ist alles andere als verkehrt. Auch Umfragen zu den wichtigsten Werten beantworten Z-ler mit Familie, Freunde, Gesundheit und Freiheit. Das klingt jetzt auch nicht gerade nach zukünftigen Eltern, die eine chaotische Folgegeneration auf die Welt bringen.

Und auch meine charmante Interviewpartnerin fährt mit etwas positiveren Worten fort: »Es gibt natürlich auch positive Seiten der nächsten Generation. Sie könnten noch mehr Überzeugungskraft haben als wir. Meine Freundinnen gehen ja jetzt schon als Schülerinnen auf Proteste, statt wie die heute Dreißigjährigen immer nur über etwas zu schimpfen und dann nichts zu tun. Ich glaube, es wird auch mehr Möglichkeiten auf dem Arbeitsmarkt geben. Mehr individuelle Freiheiten wie Homeoffice oder besseres Gehalt für unbeliebte und körperlich harte Jobs.«

Klingt schon besser, oder? Bis auf das mit dem Gehalt – falls Sie aus der Unternehmensperspektive schauen. Aber die Herausforderung besteht ja jetzt schon, dass unbeliebtere Berufe, bei denen meist auch körperlich harte Arbeit gefordert ist, meistens auch noch schlecht bezahlt sind.

Einige Dinge, die uns erwarten, liegen auf der Hand. Während die Generation Z schon größtenteils komplett digital aufgewachsen ist, werden die Alphas nie ohne Smartphone sein. Und dieses Smartphone wird zunächst von anderen Geräten unterstützt sein und irgendwann wird die Technik mit dem Menschen an sich verschmelzen. Smartwatches unterstützen heute schon im Mini-Format unser Smartphone. Eine 3-D-Brille ist schon heute keine Neuheit mehr, nur hat sie sich bei der Generation Z noch nicht so weit durchgesetzt, dass die Mehrheit eine solche Brille besitzt. Die kommende Massentauglichkeit dieser Brillen könnte aber schnell dazu führen, dass jede Person von zu Hause bequem mit einer VR-Brille online shoppen geht.

In Deutschland, Österreich und der Schweiz sowie in einigen weiteren europäischen Ländern wird der Fachkräftemangel noch nie dagewesene Ausmaße annehmen. Einige der geburtenstärksten Jahrgänge entfallen auf die Generation X (zwischen 1965 und 1979 geboren), deren Angehörige immer mehr in Rente gehen, während die Generation Alpha am Arbeitsmarkt weniger als fünfzig Prozent der offenen Stellen beansprucht. Gleichzeitig bleibt die Frage offen, wie viel Raum die künstliche Intelligenz wirklich einnehmen wird. Dreißig bis vierzig Prozent der heutigen Mittelstandsberufe könnten in wenigen Jahren wegfallen. Mit Sicherheit kommen auch wieder neue Berufsbilder hinzu. Der Mensch als Arbeitskraft wird weiterhin gefragt sein.

Ein weiteres problematisches Thema könnte der soziale Zusammenhalt in der Gesellschaft sein. Bereits heute ist die Gesellschaft gespalten. Krisen wie die Corona-Pandemie haben diese Spaltung weiter befeuert. Weniger Zusammenkünfte von Menschen in Vereinen und die zunehmende Einsamkeit durch einen hohen Smartphone-Konsum tragen ihr Übriges dazu bei. Ich glaube dennoch, dass es eine Trendwende geben wird. Schon jetzt erkennen immer mehr junge Menschen, mit denen ich spreche, dass sich etwas ändern muss. Das Fehlen sozialer Kontakte hat vielen so sehr zugesetzt, dass sie nun aktiv nach Möglichkeiten suchen, gemeinsam mit anderen wieder in ein soziales Gefüge eintreten zu können.

11.2 Generation Alpha

Wir haben uns noch nicht mal komplett auf die Generation Z eingestellt und dann steht schon die nächste Generation in den Startlöchern.

Die Alphas – geboren ab 2010 – sind teilweise schon in der Pubertät. Noch sind sie weder selbstzahlende Konsumenten noch Arbeitnehmer, aber das wird sich schon in wenigen Jahren ändern. Und dann werden sie die Nächsten sein, die Wünsche und Forderungen an Gesellschaft und Arbeitswelt stellen.

Was erwartet uns bei den Alphas?

Die neue Generation wird nie ohne Smartphone leben und bald schon Gedanken binnen einer Sekunde online übertragen können. Was für die meisten von uns wie Science-Fiction klingt, wird schon bald Realität sein. Und es wird eine Generation sein, die neue Arten von Technologie als selbstverständlich wahrnimmt, während wir uns damit intensiv beschäftigen müssen, um mithalten zu können.

Wer die Z-ler heute belächelt, wird bereits morgen keine Chance haben, mit Alpha mitzuhalten. Doch langsam kommen Unternehmen in Deutschland in die Phase des Umdenkens und beschäftigen sich mit der Generation Z.

Einige schaffen neue Arbeitsmodelle, manche neue Lernmodelle in der Ausbildung. Viele werden flexibler und bauen Hierarchien ab.

Alpha lernt on demand

Bereits die Gen Z hatte es satt, sich auf Vorrat Wissen anzueignen, dass sie erst in fünf Jahren oder nie brauchen wird. Immer mehr Inhalte aus Schul- und Studienzeit sind bereits veraltet und unbrauchbar, bevor diese abgeschlossen ist. Eine ständige Weiterbildung wird unerlässlich sein, um konkurrenzfähig zu bleiben. Da ist es nur logisch, zur richtigen Zeit die entsprechenden Inhalte zu lernen – also dann, wenn man sie benötigt. Flexibilität in Unternehmen als eine Reaktion auf eine sich immer schneller verändernde Welt führt zu Projekten, in denen du dir kurzfristig on demand Wissen aneignest, um gemeinsam mit deinen Kollegen Aufgaben zu lösen. Das, meine Damen und Herren, ist die Zukunft und bereits in vielen Unternehmen die Realität.

Digitalisierung und künstliche Intelligenz – »damit haben wir noch nicht mal richtig begonnen«.

Durch ihre weltweite Vernetzung untereinander werden Alphas ein noch besseres Gespür entwickeln, welche Jobs zukunftsfähig sind und wie sich der Arbeitsmarkt verändert. Was heute bereits in riesigen Fabriken zu neunzig Prozent von Robotern erledigt wird, trifft bald auch Berufe, von denen besonders die Babyboomer, Xler und Yler aktuell noch glauben, sich damit in Sicherheit zu wiegen.

Was die Zukunft braucht – neue Arbeitsmodelle und Schulfächer

Künstliche Intelligenz wird vieles können, aber nicht alles. Kreativität und Kommunikation werden zwei der Dinge sein, die uns so schnell keiner nimmt. Gemeinsam können Arbeitskräfte vieles erreichen, was kein Roboter kann. Deshalb wird der Fokus noch mehr auf Prozessen und Arbeiten liegen, die im Team zu bewältigen sind. Bereits heute steigen immer mehr Unternehmen auf projektorientierte Ausbildungen um. Sie merken, dass diese neue Form der Ausbildung die Generation Z nicht nur anlockt, sondern auch bessere Ergebnisse in der Arbeitsleistung erzielt. Es ist nun mal ein Unterschied, ob Azubis sich im Frontalunterricht vom Ausbilder beschallen lassen oder im Team Dinge anpacken, sich ausprobieren, hinfallen und wieder aufstehen. Sie lernen so nicht nur schneller, sondern es entsteht zudem auch ein enormer Zusammenhalt im Team. Solche Arbeitsmodell schweißen zusammen. Denn sie sind nur gemeinsam realisierbar.

Mein Tipp: Machen Sie sich nicht verrückt!
Denken Sie daran: die Generationen Y und Z sind die zukünftigen Eltern der Alphas. Sie machen also schon vieles richtig, wenn Sie sich mit diesen beiden Generationen beschäftigen und die richtigen (anderen) Fragen stellen. Denn vor allem die Generation Z scheint die erste zu sein, die so richtig an Strukturen und Führungsstrategien in Unternehmen rüttelt. Hören Sie ihr zu und nehmen Sie sie ernst, dann sind Sie für die nachfolgenden Generationen bereits einen Schritt voraus.

12.
Generation Z ist die beste Jugend, die wir haben können

Sie haben sich allen Vorurteilen wie »Diese Jungen sind nicht arbeitsfähig« oder »Das sind alles Weicheier« erst einmal widersetzt und sich nun ein objektiveres Bild von der Generation Z erarbeitet. Vielleicht haben Sie sich auch an Ihre eigene Kindheit und Jugend zurückerinnert und hin und wieder festgestellt, dass auch die eigene Generation irgendeine »Macke« hatte. Wir fokussieren dann gerne die negativen Dinge, die wir sehen, und übersehen die vielen Chancen, die wir mit jungen Menschen haben. Nutzen Sie sie. Ich möchte ganz am Ende nochmal an Thomas Lundt erinnern, der auf den Punkt brachte, worum es hier wirklich geht:

»Die Jugend, die wir haben, ist die beste Jugend, die wir haben können. Denn die stammt aus unserer Gesellschaft und deshalb haben wir uns um sie zu kümmern und für sie Sorge zu tragen.«

Es mangelt jungen Menschen nicht an Interesse oder Motivation. Sie wollen arbeiten, aber in modernen Unternehmen mit modernen Führungskräften. Ob dabei alles, was die Generation Z fordert, auch zum Erfolg führt, werden wir sehen. Sicher haben junge Menschen Vorstellungen, die teilweise nicht aufgehen können, so wie jede ältere Generation früher ebenfalls Erwartungen hatte, die nicht immer eingetroffen sind. Sie haben nur jetzt die Möglichkeit, den ersten Schritt zu setzen als Mutter, Vater, Führungskraft, Unternehmer oder in einer anderen Funktion. Ich versichere Ihnen: Es ist oft nur ein kleiner Schritt für Sie, aber ein großer für ... na, Sie wissen schon. Machen Sie diesen ersten Schritt und machen Sie ihn gleich. Denn auch diese Generation wird erwachsen – und zwar schnelle,r als wir »TikTok« sagen können.

Viele Menschen, die ich mit meinen Vorträgen erreiche, melden sich manchmal Tage später noch bei mir und berichten: Herr Behm, Ihr Vortrag hat etwas in mir ausgelöst. Aber nicht nur auf die Arbeit bezogen, sondern auch in meiner Rolle als Elternteil. Übertragen Sie Ihre Erkenntnisse also nicht nur auf Ihre Arbeit, beziehen Sie vielmehr Ihr Privatleben mit ein. Werden Sie zu einem echten Generationen-Versteher.

Literaturverzeichnis und Quellen

Felix Altmann (2021): Tipps zur Jobsuche. Diese 15 Unternehmen bieten das beste Bewerbungsverfahren. https://www.glassdoor.de/blog/diese-15-unternehmen-bieten-das-beste-bewerbungsverfahren, Abruf am 9. August 2023.

Ausbildung.de GmbH (2022): Die STARTKLAR-Schülerstudie. https://recruiting.ausbildung.de/schuelerstudie-22, Abruf am 9. August 2023.

Ines Bahr (2020): Studie zur Wichtigkeit von Online-Bewertungen in Deutschland. https://www.capterra.com.de/blog/687/online-bewertungen-in-deutschland, Abruf am 9. August 2023.

Natalie Beisch, Wolfgang Koch, Carmen Schäfer (2019): Aktuelle Aspekte der Internetnutzung in Deutschland. ARD/ZDF-Onlinestudie 2019: Mediale Internetnutzung und Video-on-Demand gewinnen weiter an Bedeutung. https://www.ard-zdf-onlinestudie.de/files/2019/0919_Beisch_Koch_Schaefer.pdf, Abruf am 10. August 2023.

Jörg Bodanowitz (2017): Studie. So süchtig machen WhatsApp, Instagram und Co. https://www.dak.de/dak/bundesthemen/onlinesucht-studie-2106298.html#, Abruf am 9. August 2023.

Bundesverband Digitalpublisher und Zeitungsverleger e. V. (2022): Reichweiten. 56 Millionen regelmäßige Zeitungsleser. https://www.die-zeitungen.de/argumente/reichweiten.html#:~:text=Zeitunglesen%20ist%20keine%20Frage%20des,auch%20die%20digitale%20Zeitungslekt%C3%BCre%20ausgepr%C3%A4gt), Abruf am 9. August 2023.

Sharon Camara (2023): Studie. Das erwarten Millennials und die Gen Z beim Online-Shopping. https://fashionunited.de/nachrichten/business/studie-das-erwarten-millennials-und-die-gen-z-beim-online-shopping/2023032050749, Abruf am 9. August 2023.

e-commerce-magazin.de (2022): Kaufverhalten der Generation Z: Auf die richtige Haltung kommt es an. https://www.e-commerce-magazin.de/kaufverhalten-generation-z-auf-die-richtige-haltung-kommt-es-an/#:~:text=Hier%20zeigt%20sich%20jedoch%20ein,von%2010%20(42%20Prozent, Abruf am 9. August 2023.

Annahita Esmailzadeh, Yaël Meier et al. (2022): Gen Z für Entscheider:innen. Campus, Frankfurt am Main.

Gabriel Gelman (2020): Das Jugendwort 2019: Jugendwörter und ihre Bedeutung! https://www.sprachheld.de/jugendsprache-jugendwort-2019/#:~:text=Der%20Rapper%20Kollegah%20hat%20das,G%C3%B6nnen%E2%80%9C%20und%20%E2%80%9EBenjamin%E2%80%9C, Abruf am 9. August 2023.

Jan-Rainer Hinz (2022): EY Studierendenstudie 2022. Studentinnen und Studenten in Deutschland: Werte, Ziele und Perspektiven. https://assets.ey.com/content/dam/ey-sites/ey-com/de_de/news/2022/08/ey-studierendenstudie-werte-2022.pdf, Abruf am 9. August 2023.

Michael Kleinjohann, Victoria Reinecke (2020): Marketingkommunikation mit der Generation Z. Erfolgsfaktoren für das Marketing mit Digital Natives. Springer Gabler, Wiesbaden.

Martin Krause (2021): Die Gen Z legt Wert auf Nachhaltigkeit beim Einkauf – und bei der Bundestagswahl. https://www.pwc.de/de/pressemitteilungen/2021/die-gen-z-legt-wert-auf-nachhaltigkeit-beim-einkauf-und-bei-der-bundestagswahl.html, Abruf am 9. August 2023.

Wolfgang Kring, Klaus Hurrelmann (Hrsg.) (2019): Die Generation Z erfolgreich gewinnen, führen, binden. Kiehl Verlag, Herne.

Bernice McCarthy (2005): Teaching Around the 4MAT® Cycle. Designing Instruction for Diverse Learners with Diverse Learning Styles. Corwin, Thousand Oaks, Kalifornien, USA.

Marie Pein (2020): Lernkultur. Positives Feedback ist wirkungsvoller als negatives. In: managerSeminare 272. https://www.managerseminare.de/ms_Artikel/Lernkultur-Positives-Feedback-ist-wirkungsvoller-als-negatives,280186, Abruf am 9. August 2023.

Philipp (2019): Zenjob Gen-Z-Studie 2022: Das wünschen sich junge Arbeitnehmer*innen von ihrem Job. https://www.zenjob.com/de/ressourcen/gen-z-studie-2022, Abruf am 9. August 2023.

Postbank.de (2022): Digitalstudie 2022 – Mobile Internetnutzung entwickelt sich rasant. https://www.postbank.de/themenwelten/innovationen/digitalstudie-2022-mobile-internetnutzung-entwickelt-sich-rasant.html, Abruf am 9. August 2023.

Philipp Riederle (2017): Wie wir arbeiten und was wir fordern. Droemer, München.

Bianca Schedlberger (2023): Wenig Arbeit für viel Geld? So tickt die Gen Z im Berufsleben. https://www.karriere.at/c/a/gen-z-berufsleben#:~:text=Flexibilit%C3%A4t%20%E2%80%93%20auch%20in%20Bezug%20auf,Privatleben%20gut%20miteinander%20vereinbar%20sind, Abruf am 9. August 2023.

Simon Schnetzer (2023): Jugendstudien und ihre Veröffentlichungen. https://simon-schnetzer.com/jugendstudien, Abruf am 9. August 2023.

Christian Scholz (2014): Generation Z: Wie sie tickt, was sie verändert und warum sie uns alle ansteckt. Wiley Verlag, Hoboken, New Jersey, USA.

Sinus Markt- und Sozialforschung GmbH (2020): Sinus Jugendmilieus. https://www.sinus-institut.de/sinus-milieus/sinus-jugendmilieus, Abruf am 9. August 2023.

Moritz Sommer, Dieter Rucht, Sebastian Haunss und Sabrina Zajak (2019): Fridays for Future. Profil, Entstehung und Perspektiven der Protestbewegung in Deutschland. Institut für Protest- und Bewegungsforschung. https://protestinstitut.eu/publikationen/fridays-for-future-profil-entstehung-und-perspektiven-der-protestbewegung-in-deutschland, Abruf am 9. August 2023.

Statista (2021): Zeitungsleser in Deutschland nach Altersgruppen im Vergleich mit der Bevölkerung im Jahr 2021. https://de.statista.com/statistik/daten/studie/901105/umfrage/umfrage-in-deutschland-zum-alter-von-zeitungslesern, Abruf am 9. August 2023.

Statista (2020): Anteil der Befragten, die mindestens einmal gebrauchte Ware über eBay Kleinanzeigen ver- oder gekauft haben, nach Altersgruppen in Deutschland im Jahr 2020. https://de.statista.com/statistik/daten/studie/1261905/umfrage/nutzung-von-ebay-kleinanzeigen-fuer-den-kauf-und-verkauf-von-gebrauchter-ware-nach-alter, Abruf am 9. August 2023.

Statista (2019): Durchschnittsalter der Mitglieder der politischen Parteien in Deutschland am 31. Dezember 2019. https://de.statista.com/statistik/daten/studie/192255/umfrage/durchschnittsalter-in-den-parteien, Abruf am 9. August 2023.

Statistisches Bundesamt (2022): Psychische Erkrankungen wurden 2020 bei 18 % der Krankenhausbehandlungen von 15- bis 24-Jährigen diagnostiziert. https://www.destatis.de/DE/Presse/Pressemitteilungen/Zahl-der-Woche/2022/PD22_32_p002.html, Abruf am 9. August 2023.

TUI Stiftung (2022): Jugendstudie »Junges Europa 2022« der TUI-Stiftung. Klima, Krieg, Corona: Wie junge Europäer über die Weltkrisen denken. https://www.tui-stiftung.de/unsere-projekte/junges-europa-die-jugendstudie-der-tui-stiftung/jugendstudie-2022, Abruf am 9. August 2023.

u-form (2022): Studie AzubiRecruiting-Trends 2020. https://www.testsysteme.de/studienarchiv, Abruf am 9. August 2023.

Psychologische Sicherheit

Birgit Schumacher
Psychologische Sicherheit
Das Entwicklungselixier für persönliches Wachstum, Teams und Organisationen
1. Auflage 2023

252 Seiten; Broschur; 29,95 Euro
ISBN 978-3-86980-695-2; Art.-Nr.: 1168

Wie wäre es, wenn sich Menschen innerhalb eines Teams oder einer Organisation trauen würden, ihre Meinung zu sagen oder auf den ersten Blick abwegige Ideen zu formulieren? Wenn sie bereit wären, Risiken einzugehen und nicht den hundertprozentig sicheren Weg zu wählen? Und das ganz ohne Konsequenzen befürchten zu müssen?

Die Antwort heißt psychologisch Sicherheit. Sie hebt das Potenzial von Mitarbeitenden, die sich nicht trauen, souverän das Wort zu ergreifen und in Verantwortung zu gehen oder die aus Angst vor dem Scheitern eine große Idee lieber für sich behalten.

Schumachers neues Buch illustriert, wie wir ein Umfeld psychologischer Sicherheit schaffen und welche neurobiologischen, psychologischen und systemischen Hintergründe wirken.

Es lädt zum Mitdenken und Experimentieren ein, liefert einen neuen Lösungsrahmen und zeigt an Praxisbeispielen, wie man ein Umfeld psychologischer Sicherheit für Teams oder Organisationen erschafft.

www.BusinessVillage.de